Außenputz
Untersuchungen – Erfahrungen – Überlegungen

Dr.-Ing. Helmut Künzel

Dr.-Ing. Helmut Künzel

Außenputz

- Untersuchungen
- Erfahrungen
- Überlegungen

Fraunhofer IRB Verlag

Bibliografische Information Der Deutschen Bibliothek

Die Deutsche Bibliothek verzeichnet diese Publikation in der Deutschen Nationalbibliografie; detaillierte bibliografische Daten sind im Internet über <http://dnb.ddb.de> abrufbar.

ISBN 3-8167-6217-4

Layout und Herstellung: Andrea Schlaich
Satz: Frank-Meinhart Stephan, Stuttgart
Umschlaggestaltung: Martin Kjer
Druck: Druckerei Uhl, Radolfzell

Für den Druck des Buches wurde chlor- und säurefreies Papier verwendet.

Fraunhofer-Informationszentrum Raum und Bau IRB
Postfach 80 04 69, 70504 Stuttgart
Telefon (07 11) 970-25 00
Telefax (07 11) 970-25 99
e-mail: irb@irb.fraunhofer.de
http://www.Irbbuch.de

Inhaltsverzeichnis

Vorwort

Als 1951 die ersten Versuchshäuser in der Freilandversuchsstelle Holzkirchen des Fraunhofer-Instituts für Bauphysik errichtet worden waren und mit den Untersuchungen begonnen wurde, erwies sich der unzureichende Regenschutz der damaligen Außenputze bei allen verschiedenen Mauerwerksarten als ein wesentliches Problem. Viele Untersuchungen wurden in der Folgezeit zum Thema Außenputz in Holzkirchen durchgeführt, die sich später außer auf den Regenschutz auch auf die Wärmedämmung bezogen haben (Wärmedämmputze, Wärmedämmverbundsysteme). Die Ergebnisse sind in verschiedenen Fachzeitschriften verstreut, z.T. aber auch in unveröffentlichten Forschungsberichten verborgen. Ich hielt es daher für richtig, die wesentlichen Ergebnisse meiner sich nunmehr über ein halbes Jahrhundert erstreckenden Forschungen in einem Buch zusammenzufassen.

Mit der Untergliederung

Untersuchungen – Erfahrungen – Überlegungen

möchte ich darlegen, dass nicht nur über Forschungsergebnisse berichtet wird, sondern auch meine Erfahrungen aus der Praxis einfließen, ergänzt durch den allgemeinen Wissenszuwachs. Unter der Überschrift »Überlegungen« dokumentiere ich meine persönliche Meinung, teils als Kritik an heutigen Gegebenheiten, teils als Anregung für weitere Forschungsaktivitäten.

Für die in den letzten Jahren durchgeführten Arbeiten im Zusammenhang mit der neuen Prüfmodalität »Scherzug« möchte ich den Mitarbeitern des Instituts Frau Dr. C. Fitz, Frau H. Reininger und Herrn M. Kehrer besonders danken.

Januar 2003
Dr.-Ing. Helmut Künzel

1 Festigkeit und Formänderungen von Putzen

1.1 Messungen an Putzproben

1.1.1 Probenherstellung und Nachbehandlung von Putzen

Die Herstellung von Putzproben und deren Nachbehandlung vor der Prüfung ist ein Problem, dessen Bedeutung erst der richtig erkennt, der sich näher mit der Aufgabe befasst. In der Praxis erfährt der an die Wand angeworfene Putz eine erste Verfestigung durch den von der Art und dem Feuchtegehalt des Putzgrundes abhängigen Wasserentzug. Je größer der Wasserentzug, desto größer wird die Rohdichte des Putzes. Denn das im Mörtel verbleibende Wasser schafft den späteren Porenraum. Sodann wird der weitere Erhärtungsverlauf durch Hydratation und Karbonisation durch den infolge der wechselnden Temperatur und Feuchte der Außenluft und der Wasserrückleitung vom Putzgrund sich einstellenden Feuchte des Putzes beeinflusst.

Wasserentzug beeinflusst Mörteleigenschaften

Wird demgegenüber Mörtel in eine Stahlform eingebracht und anschließend 7 Tage im Feuchtkasten und 21 Tage im Klima 20/65 gelagert, dann kann nicht erwartet werden, dass die Porenverhältnisse und damit die Eigenschaften des Festmörtels in beiden Fällen übereinstimmen, oft sogar nicht einmal angenähert. Man muss vielmehr davon ausgehen, dass die Normprüfung unter definierten Bedingungen einen Wert liefert, um die Eigenschaften verschiedener Mörtel untereinander vergleichen zu können. Dabei dürfen die Mörtel gar nicht zu sehr voneinander verschieden sein. Der 7/21 Tage-Zyklus ist z. B. für vorwiegend hydraulisch erhärtende Mörtel festgelegt, während bei einem hauptsächlich karbonatisch erhärtenden Mörtel bei 7 Tagen Feuchtlagerung keine nennenswerte Festigkeitszunahme erwartet werden kann.

Normwerte und Praxiswerte können verschieden sein

Welche Auswirkung alleine dadurch entsteht, dass bei der Herstellung der Putzproben in die Stahlformen eine Filterpappe eingelegt wird, belegen die Messergebnisse in Bild 1. Die Zugfestigkeit der Putzmörtel ist mit Filterpappe rund um ein Drittel größer. Um den gleichen Betrag erhöht sich dadurch auch der E-Modul, wie aus Bild 2 hervorgeht. Dabei ist dieser Einfluss sicher geringer als der Einfluss, der bei unterschiedlich saugenden oder unterschiedlich feuchten Putzgründen zu erwarten ist.

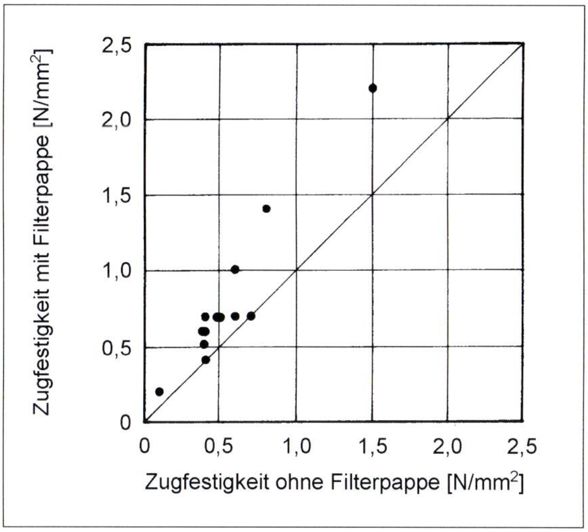

Bild 1
Zusammenhang zwischen der 28 Tage-Zugfestigkeit verschiedener Werkmörtel PIc, PII und PIII bei üblicher Herstellung in Stahlformen (Querschnitt 20 mm × 40 mm) und bei Herstellung in Stahlformen mit Einlage von Filterpappe (1 Lage Filterpappe Nr. 2727 der Firma Schleicher und Schüll) nach [1].

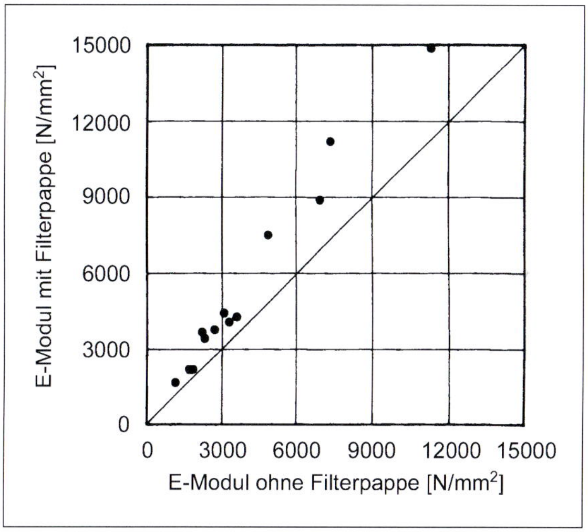

Bild 2
Zusammenhang zwischen den 28 Tage-E-Moduln verschiedener Putzmörtel aus Zugversuchen bei üblicher Herstellung in Stahlformen und bei Einlage von Filterpappe wie bei Bild 1 nach [1].

1.1.2 Festigkeit und E-Modul

Messergebnisse der E-Moduln in Abhängigkeit von der Druckfestigkeit von Putzmörteln sind in Bild 3 dargestellt. Normalputze und Leichtputze aus Werkmörtel hergestellt weisen hiernach eine gute lineare Abhängigkeit auf, lediglich ein zum Vergleich geprüfter Baustellenputz weicht von der Geraden deutlich ab. Der Zusammenhang zwischen der Druck- und der Zugfestigkeit von unterschiedlichen Putzen, geprüft von zwei verschiedenen Prüfstellen (FKM Köln und IBP Holzkirchen) ist in Bild 4 dargestellt. Man erkennt daraus eine befriedigende Abhän-

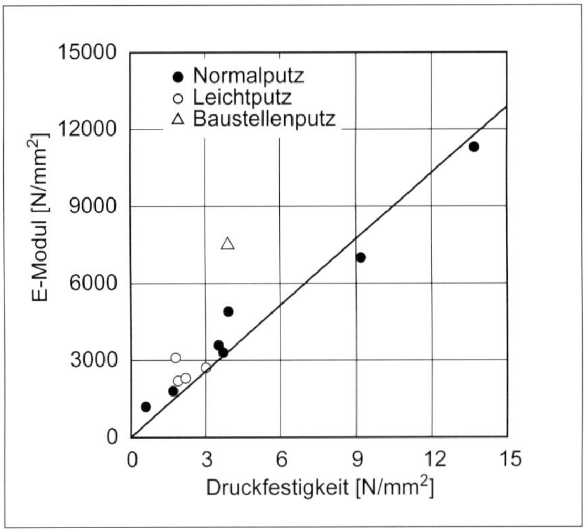

Bild 3
Zusammenhang zwischen E-Modul und Druckfestigkeit verschiedener Putze aus Werkmörteln nach [1] und einem Baustellenputz. 28 Tage-Werte bei üblicher Herstellung der Prismen (Ausgleichsgerade ohne Baustellenputz).

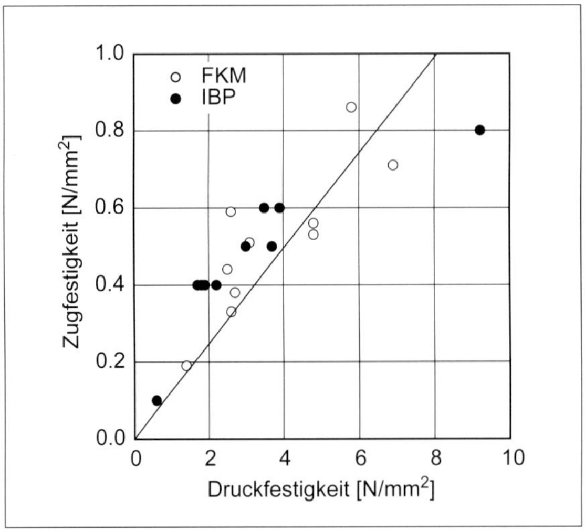

Bild 4
Zusammenhang zwischen Zugfestigkeit und Druckfestigkeit verschiedener Putze aus Werkmörteln, ermittelt in der Forschungsgemeinschaft Kalk und Mörtel (FKM) und im Institut für Bauphysik (IBP), 28 Tage-Werte nach [1] und [2].

gigkeit zwischen den beiden Festigkeitswerten und eine befriedigende Übereinstimmung der Ergebnisse beider Prüfstellen. Im Mittel ergibt sich die Abhängigkeit: Zugfestigkeit = ⅛ Druckfestigkeit.

Zugfestigkeit und Zugbruchdehnung sind in Abhängigkeit von der Druckfestigkeit nach Messungen in der FKM Köln für einige Putze in Bild 5 aufgezeichnet. Hieraus – wie auch aus den anderen Diagrammen – ist zu erkennen, dass sich Leichtputze tendenziell nicht von den Normalputzen unterscheiden; sie gliedern sich mit den Normalputzen in die linearen Abhängigkeiten ein.

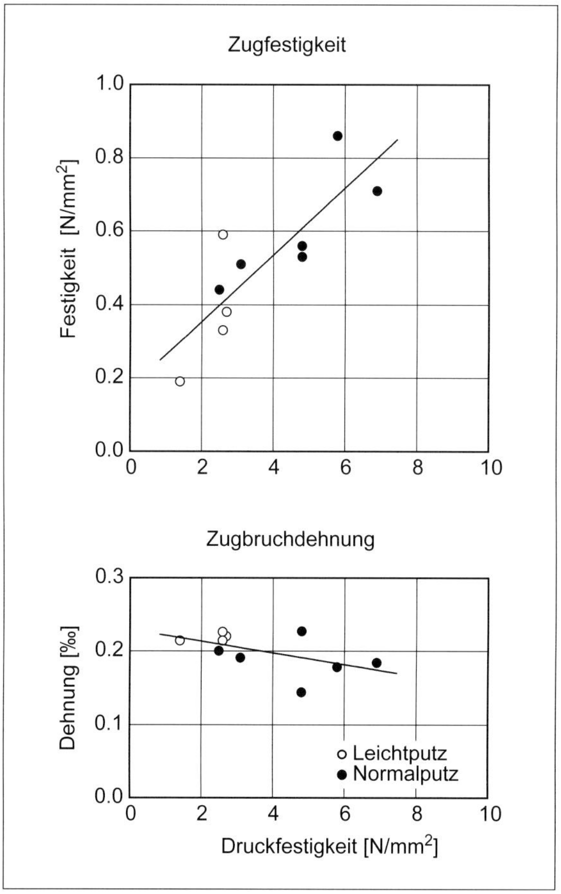

Bild 5
Zugfestigkeit und Zugbruchdehnung in Abhängigkeit von der Druckfestigkeit von Leicht- und Normalputzen nach [2].

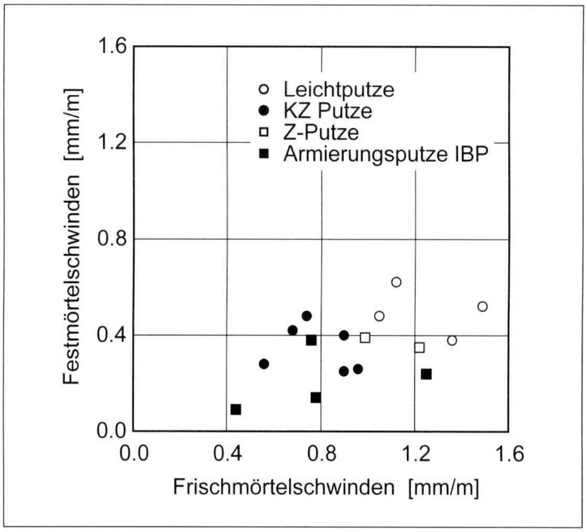

Bild 6
Zusammenhang zwischen Festmörtelschwinden und Frischmörtelschwinden einiger Putzarten nach [2] und IBP. Frischmörtelschwinden von Herstellungsfeuchte bis Gleichgewichtsfeuchte 20/65, Festmörtelschwinden von Sättigungsfeuchte bis Gleichgewichtsfeuchte 20/65.

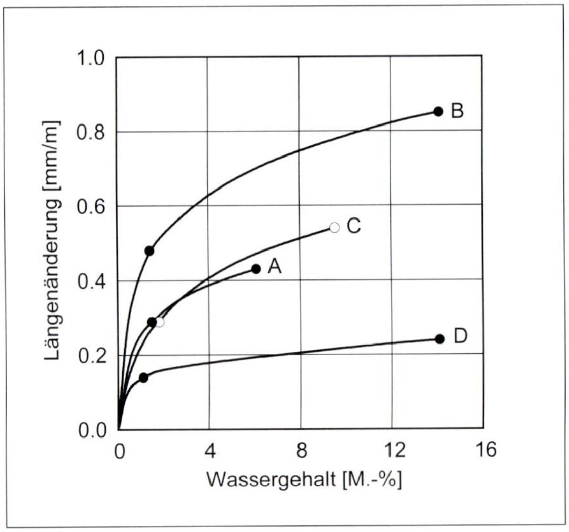

Bild 7
Längenänderungen von Putzproben verschiedener Art (A–D) der Größe 10 mm × 40 mm × 160 mm in Abhängigkeit vom Wassergehalt nach [3]. Von den zwei Messpunkten, durch welche die Kurven gelegt sind, stammt der obere aus der Wasserlagerung des trockenen Festmörtels und der untere aus der anschließenden Lagerung bei 20/65.

1.1.3 Formänderungen

Hinsichtlich der Formänderungen sind bei Putzen vor allem die hygrisch bedingten – also das Schwinden und Quellen – von Interesse.

Frischmörtelschwinden

Dabei ist zwischen dem Frischmörtelschwinden oder Erstschwinden unmittelbar nach der Probenherstellung und dem Festmörtelschwinden zu unterscheiden. Messergebnisse nach [2] sind in Bild 6 enthalten.

Festmörtelschwinden

Danach sind die Werte des Festmörtelschwindens um den Faktor ½ bis ⅓ kleiner als die des Frischmörtelschwindens. Letzteres kann maßgebend sein für das Entstehen von Schwindrissen unmittelbar nach der

Schwindrisse

Putzherstellung, während das Festmörtelschwinden Langzeitschäden verursachen kann.

Im Rahmen orientierender Untersuchungen an vier handelsüblichen mineralischen Armierungsputzen für Wärmedämmverbundsysteme (WDV-Systeme) wurde das Festmörtelschwinden bis auf 0 % Feuchte verfolgt. Aus den Kurvenverläufen in Bild 7 geht hervor, dass ein relativ großer Anteil des Schwindens im Bereich zwischen der Ausgleichsfeuchte der Putze beim Klima 20/65 (»lufttrocken«) und völliger Trockenheit erfolgt. Zwischen »nass« und »lufttrocken« sind die Unterschiede eher geringer. Den Zustand weitgehender Trockenheit kann man in der Praxis bei direkter Besonnung annehmen. Die Schwindgefährdung von Putzen liegt daher wohl weniger im Bereich der eigentlichen Trocknung feuchter Wandflächen, als vielmehr im Endstadium völliger Austrocknung. Hierzu sind weitere Untersuchungen wünschenswert.

Die Wärmedehnung von Putzen ist bei Dehnkoeffizienten zwischen 6 und $8 \times 10^{-6}\ K^{-1}$ im Allgemeinen geringer als die Feuchtedehnung und findet daher weniger Beachtung. Außerdem sind Wärmedehnung und Feuchtedehnung gegenläufig: Bei thermischer Dehnung infolge Erwärmung findet eine hygrische Kontraktion infolge Trocknung statt.

1.2 Putze auf Mauerwerk

Für eine auf Mauerwerk haftende Putzschicht gelten völlig andere Randbedingungen als für eine Putzprobe in der Form eines Prismas von 4 cm × 4 cm × 16 cm oder eines Stabes von 2 cm × 4 cm × 16 cm. Infolge der anderen Flächenabmessungen und der Haftung auf dem Mauerwerk kann der Putz nicht die Formänderungen entsprechend seinen an einer Probe ermittelten, elastischen oder hygrothermischen Eigenschaften ausführen. Dies wirkt sich entscheidend auf das Verhalten des Putzes aus.

1.2.1 Formabhängigkeit von Spannungen und Dehnungen

Druckfestigkeit kein Stoffkennwert

Die an Würfeln oder Prismen ermittelten Festigkeitswerte werden in der Regel fälschlicherweise als Stoffkennwerte betrachtet. Sie sind aber abhängig von der Größe und Form der Proben, an denen sie ermittelt werden und sind deshalb keine Stoffkennwerte wie z.B. die Rohdichte oder die Wärmeleitfähigkeit eines Stoffes.

Bei der Druckfestigkeitsprüfung an einem Würfel erfolgt die Zerstörung durch Überschreiten der Querzugfestigkeit, die sich als Reaktion auf die aufgeprägte Druckkraft einstellt. Entscheidend ist dabei,

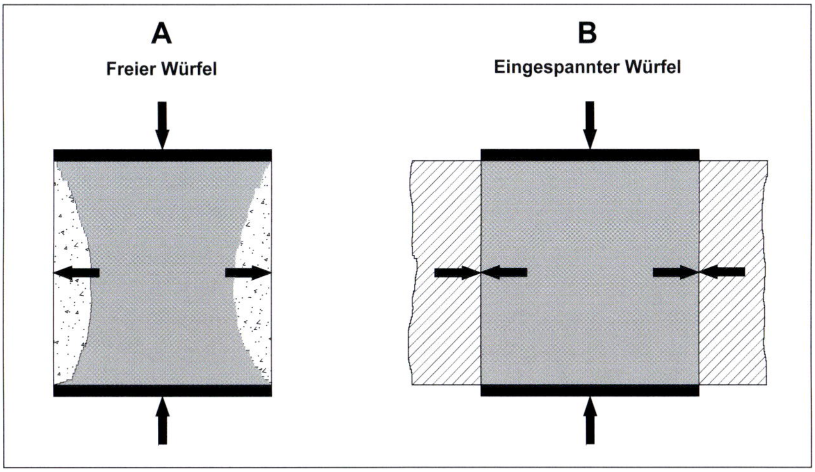

Bild 8
Schematische Darstellung der Formänderungs-Tendenzen bzw. Spannungen bei einem freien und einem eingespannten Würfel bei Druckbelastung:
Freier Würfel A:
Der Druck veranlasst senkrecht dazu Querzug und Randablösungen.
Eingespannter Würfel B:
Der Druck veranlasst seitliche Gegenkräfte, die eine Formänderung bzw. Schädigung verhindern.

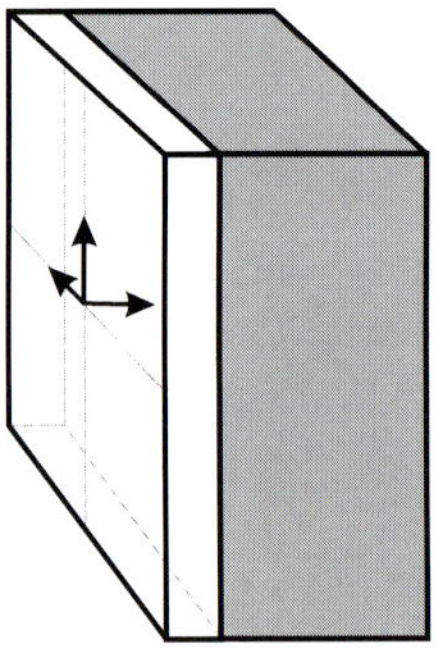

Bild 9
Schemadarstellung der auf einen Putz auf Mauerwerk wirksamen Spannungen. Neben der durch die Haftung auf dem Mauerwerk bedingten Spannung treten Spannungen längs der Flächenkoordinaten auf. Hygrothermische Bewegungsmöglichkeiten bestehen nur in der Dickenrichtung des Putzes.

dass an den seitlichen Würfelflächen keine Gegenkräfte wirksam sind, dass sie also »ausweichen« können. Außerdem werden die unmittelbar druckbelasteten Würfelflächen durch Reibungskräfte an den Kontaktflächen der Druckpresse fixiert. Deshalb entsteht das in Bild 8, links, schematisch dargestellte Schadensbild. Wird dieses Ausweichen durch Gegenkräfte verhindert, dann können schadlos wesentlich größere Druckkräfte aufgebracht werden (Bild 8, rechts). Dieser Fall ist z. B. gegeben, wenn ein Betonbauwerk auf Stahl- oder Stahlbetonpfähle gegründet wird. Im Bereich des eingebundenen Pfahlkopfes treten dann Betonpressungen auf, die ein Vielfaches der Würfeldruckfestigkeit betragen. Bei Versuchen, die allerdings diese Verhältnisse nicht optimal realisierten, hat Rieckmann den Faktor 8 nachgewiesen [4]. Theoretisch kann die Druckspannung beliebig anwachsen, wenn hinreichend große Gegenkräfte in Querrichtung vorhanden sind bzw. wenn Querdehnungen durch andere Maßnahmen verhindert werden.

Bei einer auf Mauerwerk haftenden Putzfläche ist die Situation gegeben, dass Querdehnungen eines Flächenelements durch die ringsum angrenzenden Putzschichten behindert werden (Bild 9). Deshalb trifft hier der Fall B in Bild 8 (»eingespannter Würfel«) zu, mit höheren Festigkeitswerten als sie an einer begrenzten Putzprobe – gleich welcher Art – ermittelt werden.

1.2.2 Erzwungene Formänderungen

Solange der Putz auf dem Putzgrund haftet, kann dieser keine vom Putzgrund abweichenden thermischen oder hygrischen Formänderungen vollziehen, wie sie an freien Putzproben mit begrenzten Abmessungen ermittelt werden. Die dadurch entstehenden inneren Spannungen sind aber nicht aus den Untersuchungsergebnissen an Mörtelproben abzuleiten, da – wie ausgeführt – die Randbedingungen völlig andere sind (z.B. keine Querkontraktion oder Querdehnung).

Zu bedenken ist, dass die thermischen und hygrischen Formänderungen primär das Volumen einer Materialprobe beeinflussen. Die linearen Dehnungswerte sind davon abgeleitet und kommen zur Auswirkung, wenn man die Längenänderung eines beweglichen, stabförmigen Gebildes ermittelt, z.B. einer Stütze oder eines Trägers.

Wärmedehnung muss nicht sein

Thermisch und hygrisch bedingte Längenänderungen können verhindert oder reduziert werden, wenn ihnen entsprechende Kräfte entgegenwirken. Auch die Ursachen der Formänderungen können beeinflusst werden, wie durch die folgenden Beispiele belegt wird.

Beispiel 1

Beim Gefrieren vergrößert sich das Volumen von Wasser um rund 10 %. Ist das Wasser in einer Glasflasche eingeschlossen, dann zerspringt diese in der Regel wegen der Volumenausdehnung und des dadurch entstehenden Drucks des gefrierenden Wassers. In einer Stahlflasche, die diesem Druck widersteht, kann das Wasser nicht gefrieren; es unterkühlt und bleibt flüssig. Die Frostbeständigkeit eines Stoffes ist daher nicht nur abhängig vom Wasser-Sättigungsgrad, sondern auch von der Festigkeit des Stoffes. Die gängigen Prüfungen der Frostbeständigkeit durch Wechselbeanspruchung zwischen Wasserlagerung und Gefrieren erbringen ein summarisches Ergebnis, das mit der Realität nicht immer übereinstimmt.

Frostschädigung von Festigkeit abhängig

Beispiel 2

Quellfähige Stoffe wie Kork, Holz oder Mörtel vergrößern mit der Wasseraufnahme ihr Volumen. Wenn diese Volumenvergrößerung behindert wird, dann ist umgekehrt die Wasseraufnahme geringer. Dies wird am Beispiel eines Flaschenkorkens in Bild 10 demonstriert. Durch Einpassen des Korkens in eine Metallhülse, wodurch nur eine Quellung in Richtung der offenen Stirnflächen möglich war, wird die Wasseraufnahme auf etwa die Hälfte reduziert. Das Quellen mit Quellbehinderung ist die Ursache für die Dichtwirkung eines Korkens in der Weinflasche. Deshalb muss die Weinflasche liegend gelagert werden, um die Dichtwirkung durch Quellung zu erhalten.

Quellbehinderung vermindert Wasseraufnahme

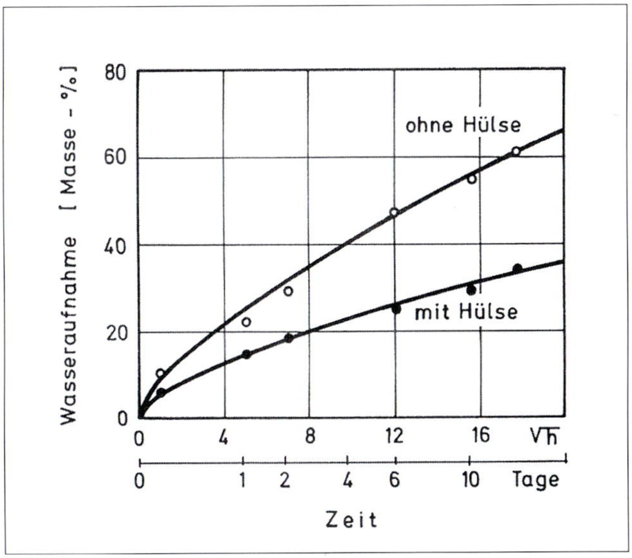

Bild 10
Zeitverläufe der Wasseraufnahme eines freien und eines in eine Messinghülse dicht eingepassten Flaschenkorkens in Abhängigkeit von der Quadratwurzel der Zeit. Infolge der Quellbehinderung durch die Hülse wird die Wasseraufnahme deutlich reduziert.

Bei den genannten Beispielen wurde die Quellung durch äußere Einwirkungen behindert. Eine solche Behinderung ist auch durch innere Spannungen möglich, die im Stoff selbst entstehen. Wenn ein Holzwürfel in Wasser gelagert wird, dann nehmen die Oberflächen Wasser auf. Die Quellung des benetzten Holzes mindert einerseits die Wasseraufnahme, andererseits wird die Quellung durch die noch trockeneren, tieferen Holzbereiche behindert. Dadurch entstehen außen Druckspannungen und innen Zugspannungen. Die dadurch hervorgerufene Beeinträchtigung der Wasseraufnahme ist bei großer Würfelkantenlänge stärker als bei kleiner. Deshalb sind Wasseraufnahme und Quellung bei großen Würfeln geringer als bei kleinen. Näheres hierzu in [5].

Wasseraufnahme führt zu inneren Spannungen

Die entstehenden inneren Spannungen verursachen bei der großen Festigkeit des Holzes keine Schädigungen. Bei viel weniger festem Kalkputz PIc wurden aber die in Bild 11 dargestellten Rissbilder an Putzscheiben für Diffusionsmessungen beobachtet, die zur Konditionierung 12 Tage nach der Herstellung durch Eintauchen in ein Wasserbad befeuchtet worden sind. Die ungleiche Wasseraufnahme und dadurch bedingte hygrische Spannungen – an den Rändern anders als in Probenmitte – führte in Verbindung mit dem in Abschnitt 3.4 beschriebenen »Randeffekt« zu den Rissen.

Die Übertragung des Versuches mit dem Flaschenkorken auf die Situation beim Putz erklärt die Abweichung der Saugkurve von der linearen Abhängigkeit von der Quadratwurzel der Zeit, die durch Bild 12 erläutert wird. An Stelle der durch äußere Einwirkungen (Metallhülse)

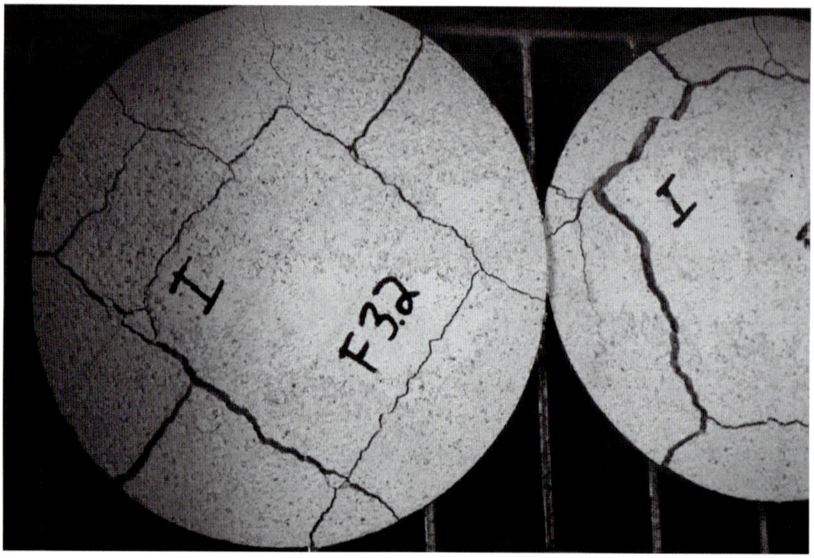

Bild 11
Gerissene Putzscheiben PIc für Diffusionsmessungen nach dem Eintauchen in ein Wasserbad zur Nachbehandlung, 12 Tage nach der Herstellung gemäß DIN 52617 (1987).

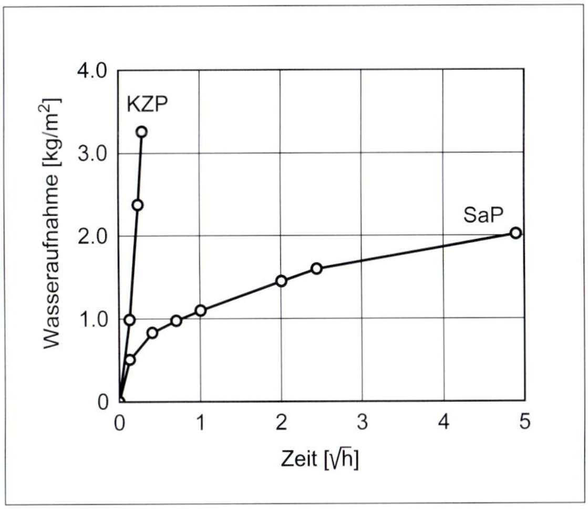

Bild 12
Wasseraufnahme in Abhängigkeit von der Quadratwurzel der Zeit von folgenden Putzen:

KZP:
Kalkzementputz 1885 kg/m^3,
w = 13,6 kg/m^{2}h^{0,5}

SaP:
Sanierputz 795 kg/m^3,
w = 2,6 kg/m^{2}h^{0,5}.

hervorgerufenen Gegenkraft treten innere Spannungen. Bei dem weniger saugfähigen der beiden Putze – dem Sanierputz – weicht die zeitabhängige Wasseraufnahme mit zunehmender Dauer des Wasserkontakts von der Geraden ab; die Wasseraufnahme wird offensichtlich durch Änderung der Kapillarstruktur infolge Quellung reduziert. Diese Nicht-Linearität wird insbesondere bei zementgebundenen Putzen und bei Betonen festgestellt, die eine geringe Saugfähigkeit aufweisen. Einmal dürfte das längere Eintauchen in Wasser den Quellvorgang erst hervorrufen, zum anderen kann das Bindemittel Zement mit eine Rolle spielen.

Quellung mindert Wasseraufnahme

Unter Einbeziehung dieser Erkenntnisse ergeben sich folgende Konsequenzen für hygrothermische Einwirkungen auf Putze, die mit dem Mauerwerk fest verbunden sind: Eine Volumenänderung der Putzschicht unter dem Einfluss von Temperatur- und Feuchteänderungen ist nur in Richtung der Putzdicke möglich, nicht jedoch in Richtung der Flächenkoordinaten. In der Fläche entstehen wechselnd Druck- und Zugspannungen. In Randbereichen des Putzes ist eine davon abweichende Situation gegeben, die in Abschnitt 3.4 erläutert wird.

1.3 Zusammenfassung und Folgerungen

Die Darlegungen zeigen, dass sowohl die Eigenschaften der Festigkeit als auch der hygrothermischen Formänderungen, die an Putzproben von begrenzten Abmessungen ermittelt werden, nicht auf die Verhältnisse eines auf Mauerwerk fest haftenden Putzes übertragen werden können. Die Messungen an Putzproben liefern lediglich Vergleichswerte, um die Eigenschaften verschiedener Putze untereinander bewerten zu können. Diese Vergleichswerte sind aber nicht als Basiswerte für weiterführende Berechnungen und Folgerungen für die Spannungs- und Formänderungsverhältnisse bei verputztem Mauerwerk geeignet.

Druckfestigkeit nur Vergleichswert

Dass Messergebnisse von einem Würfel mit 20 cm Seitenlängen unmittelbar Schlüsse auf die Druckfestigkeit eines Pfeilers oder einer Mauer von etwa solchen Flächen- oder Dickenabmessungen zulässt, ist einzusehen. Verständlich ist aber auch, dass Messergebnisse von einem Mörtelprisma nicht auf das Verhalten einer quasi unendlich ausgedehnten Putzschicht von 2 cm Dicke übertragen werden können.

1.4 Überlegungen

Die heute gültige DIN 18550 ist die erste Putznorm mit Forderungen an die Mindestfestigkeit der Putze. In früheren Normausgaben wurden nur Mischungsverhältnisse und Bindemittel angegeben, die natürlich gewisse Rückschlüsse auf die Putzfestigkeit erlaubten. Der Grund für die Aufnahme von Festigkeitsanforderungen in die Norm war das Auftreten von Putzschäden in Verbindung mit Luftkalkputzen und Dispersionsanstrichen, wobei die Letzteren wegen ihrer Dichtheit die Karbonatisierung des Kalkputzes stark verzögerten. Man hätte natürlich auch die Forderung stellen können, in den betreffenden Fällen nur Putze mit hydraulisch erhärtenden Bindemittelanteilen zu verwenden. Andererseits wurde damals versäumt, auch eine Grenze nach oben, d.h. zur Vermeidung von zu harten Putzen, zu setzen. Die Druckfestigkeit wurde als Bewertungsgröße gewählt, da die Messung relativ einfach ist und aus der Zementprüfung her eingeführt war, wenngleich eher zu geringe Zugfestigkeit zu Putzschäden führt.

Rissdehnung in Wirklichkeit größer

Ein weiterer Punkt, der zu Überlegungen Anlass gibt, ist die geringe Rissdehnung von etwa 0,2 mm/m, die nach Messungen der Zugfestigkeit an Putzproben zu erwarten wäre (Bild 5). Man hat dies oft so erklärt, dass in der Praxis unsichtbare »Mikrorisse« auftreten und dass anzustreben ist, eine Vielzahl solcher Risse an Stelle von wenigen und damit dickeren zu erreichen. Als Hilfe hierfür wird das Einlegen eines

Armierungsgewebes gesehen. Dieser Erklärungsversuch wird überflüssig, wenn man akzeptiert, dass der Zugversuch an Putzproben für das Praxisverhalten von Putzschichten nicht relevant ist.

Dass gewisse Unterschiede der Wärmedehnkoeffizienten von aneinandergrenzenden Stoffen schadlos zulässig sind, geht z.B. aus dem dauerhaften Verbund von Putzprofilen aus Aluminium oder Kunststoff mit Putz hervor, sofern der Putz ausreichend fest ist. Schließlich ist noch zu überlegen, ob es vertretbar ist, über das Verformungsverhalten von Mauerwerksarten Rechenwerte anzugeben wie es in Tabelle 2 der DIN 1053 (1996) erfolgt ohne weitere Randbedingungen wie Wandgröße oder Belastung zu berücksichtigen.

Diese Überlegungen geben Anlass zu einer Überprüfung der Normen DIN 18550 und DIN 1053. Ein Vorschlag zur Bewertung der Putzfestigkeit über die Bohrhärte wird in Abschnitt 5.3 gemacht.

Normen überarbeiten!

2 Saugfähigkeit und Wasserdampfdurchlässigkeit

2.1 Der Regenschutz von verputzten Wänden

Beim früheren massiven Mauerwerk und den üblichen Wanddicken – in der Regel 1½-Stein dick – war meist ein ausreichender Regenschutz durch die große Feuchtespeicherfähigkeit dieser Wände gegeben. Und wenn nicht, dann hat man sich mit konstruktiven Maßnahmen geholfen: Außenbekleidungen aus Schieferplatten oder Holzschindeln, oder Vorsatzschalen bei Sichtmauerwerk, woraus die in Norddeutschland übliche zweischalige Bauart entstanden ist. Als nach dem zweiten Weltkrieg zunehmend Mauerwerk aus wärmedämmenden Steinen zur Anwendung kam, das mit 24 cm nach den damaligen Anforderungen eine ausreichende Wärmedämmung aber nicht die Feuchtespeicherfähigkeit wie das frühere Vollsteinmauerwerk hatte, wurde offensichtlich, dass in diesen Fällen der Regenschutz nicht ausreichend sein kann. Seit dem Anfang der Arbeiten in der Freilandversuchsstelle Holzkirchen war daher der Regenschutz allgemein und speziell der von verputzten Außenwänden eines der Schwerpunktthemen der Forschung.

Probleme bei dünnem Mauerwerk

Zunächst konzentrierten sich die Überlegungen und Untersuchungen auf den Einfluss der Größe der Regentropfen und deren kinetische Energie auf die Wasseraufnahme von Baustoffen. Verschiedene Beregnungsapparaturen – einfache und komplizierte – wurden entwickelt. In Toronto z. B. wurde zur »dynamischen« Prüfung der Schlagregensicherheit von Fertigbauteilen ein Prüfstand errichtet, bei dem mithilfe eines 2000 PS-Flugzeugmotors mit Propeller Prüfflächen mit Wasser beaufschlagt werden konnten. In einer CIB-Arbeitsgruppe »driving rain« hat man zum Thema Schlagregen und dessen Auswirkung auf Bauteile und Gebäude international Gedankenaustausch betrieben.

Aufwendige Untersuchungen

Aus den eingehenden Untersuchungen im Freigelände und Labor Holzkirchen kam die Erkenntnis, dass es nicht ausreicht, allein den Mechanismus der Befeuchtung und Wasseraufnahme zu erfassen, sondern dass in gleicher Weise auch die Trocknungsphase zu betrachten ist. Aus dem Wechsel zwischen Befeuchtung und Trocknung und den bestimmenden Kennwerten für diese Vorgänge ist der Regenschutz einer Wand zu beurteilen. Man hat erkannt, dass dafür zwei einfache Kennwerte, nämlich der Wasseraufnahmekoeffizient w eines Putzes zur Beurteilung der Wasseraufnahme bei Beregnung und die diffusions-

Einfache Regenschutzkriterien

äquivalente Luftschichtdicke s_d zur Beschreibung der Trocknungsmöglichkeit geeignet sind. Dies ist eine Näherungsbetrachtung, die aber völlig ausreichend ist, wenn man bedenkt, dass auch die Regenbeanspruchung je nach Lage und Umgebung eines Gebäudes ohnehin nur grob abgeschätzt werden kann ([6], [7]).

Aus diesen Überlegungen ergibt sich die Notwendigkeit, den w-Wert und s_d-Wert von Putzen zu messen. Dies erfolgte zunächst nach den im Fraunhofer-Institut für Bauphysik in Holzkirchen entwickelten Prüfmethoden und später nach den Normen DIN 52615 und DIN 52617, sofern nicht in den letzten Jahren spezielle baustoffspezifische Normen geschaffen worden sind.

Über Erfahrungen und Besonderheiten der feuchtetechnischen Messungen im Zusammenhang mit Putzen wird im Folgenden berichtet. Außerdem werden allgemein die Vorgänge des Feuchtetransports dargestellt, die im Zusammenhang mit dem Beregnen und dem Trocknen von verputztem Mauerwerk zu beachten sind.

2.2 Kapillare Saugfähigkeit

2.2.1 Wasseraufnahmekoeffizient (w-Wert)

Die Kapillarstruktur und damit die Saugfähigkeit eines Putzes ist nicht durch das Bindemittel, den Zuschlagstoff, die Art der Mischung und die mechanische Verfestigung beim Mörtelauftrag festgelegt, sondern wird auch von den Erhärtungsbedingungen nach der Herstellung beeinflusst. Letztere sind zweifellos bei Herstellung in einer Form im Labor bei einem festgelegten Lagerungsprogramm anders als bei demselben Putz, aufgebracht auf einem saugfähigen Putzgrund im Freien mit wechselnden Temperaturen und jeweils nächtlicher Erhöhung der Luftfeuchte. Je nach den Eigenschaften des Putzgrundes wird das Anmachwasser dem Frischmörtel mehr oder weniger rasch entzogen, wodurch bereits eine Beeinflussung der Putzstruktur entsteht. Anschließend werden die Erhärtungsverhältnisse u.a. durch die »Rückbefeuchtung« aus dem Putzgrund mitbestimmt. Die Art der Feuchthaltung des Frischmörtels ist sowohl bei karbonatisch als auch bei hydraulisch erhärtenden Bindemitteln von Einfluss. Wird der Erhärtungsprozess durch Trocknung unterbrochen, dann kommt er bei abermaliger Befeuchtung zwar wieder in Gang, es bilden sich dann aber andere Mörteleigenschaften aus als bei nicht unterbrochener Erhärtung.

Einflüsse auf die Saugfähigkeit

Diese Aussage kann durch wiederholte Saugversuche an ein und derselben Putzprobe nach Lagerung im Labor bestätigt werden: Durch den ersten Saugversuch wird der Probe Wasser zugeführt. Der zweite und die folgenden Saugvorgänge – nach jeweiliger Trocknung – liefern dann andere, niedrigere Werte der Wasseraufnahme. Dies ist durch fortschreitende Erhärtungs- und damit Strukturänderungen des Mörtels bedingt.

Tabelle 1: Wasseraufnahmekoeffizienten von Kalkzementputz 2:1:9, aufgebracht auf Mauerproben aus Hochlochziegeln und Porenbeton, nach 18-monatiger Bewitterung in einem Freilandversuchsstand bei Orientierung nach Westen (zeitweilig beregnet) und nach Osten (unberegnet). Die Putze wurden nach der Herstellung – vor dem Einbau in den Versuchsstand – z.T. 15 Tage lang täglich durch Anspritzen befeuchtet. Die in [8] dargestellten Messergebnisse wurden an handgemischten Mörteln gewonnen. Es ist möglich, dass bei heutigen Werkmörteln mit Zusatzmitteln – z.B. zur Erhöhung der Wasserrückhaltung – der Einfluss des Putzgrundes geringer ist.

Putzgrund und Nachbehandlung	Wasseraufnahmekoeffizient w [kg/m²h^{0,5}] nach 18-monatiger Bewitterung	
	Ost	West
Ziegel, Außenputz 15 Tage lang nach dem Aufbringen täglich befeuchtet	1,9	0,6
Porenbeton, Außenputz 15 Tage lang nach dem Aufbringen täglich befeuchtet	3,8	1,2
Porenbeton, Außenputz nach dem Aufbringen nicht befeuchtet	4,9	2,0

Untersuchungsergebnisse hierzu sind in [8] enthalten. Hieraus ist beispielhaft Tabelle 1 entnommen, in der die Wasseraufnahme (w-Werte) von Kalkzementputzen jeweils gleicher Herstellung (vom gleichen Frischmörtel), aufgebracht auf Ziegel- und Porenbeton-Mauerwerk nach 18-monatiger natürlicher Bewitterung im Freigelände Holzkirchen aufgezeichnet sind. Als weitere Variante wurde noch eine 15-tägige »Nachbefeuchtung« berücksichtigt. Die Ergebnisse variieren zwischen $w = 0,6\ kg/m^2h^{0,5}$ und $4,9\ kg/m^2h^{0,5}$, also um den Faktor 8 je nach Putzgrund und Bewitterung (Wetterseite West und geschütztere Seite Ost). Die 18-monatige Bewitterung hat zwar die Anfangseinflüsse gemildert, konnte sie aber nicht kompensieren. Der Putz ist eben kein »fertiges« Produkt wie z.B. ein vor Jahrmillionen entstandener Naturstein, sondern erhält und ändert seine Eigenschaften in gewissen Grenzen durch die Art der Herstellung und der Nachbehandlung.

Einfluss der Prüfkörper-Abmessungen

Hinsichtlich der Wahl der Prüfkörper ist ein weiterer Gesichtspunkt zu betrachten. Im Fraunhofer-Institut für Bauphysik Holzkirchen wurden generell Saugversuche und Diffusionsmessungen an ein und derselben Putzprobe vorgenommen, nämlich an kreisrunden Proben von 20 cm Durchmesser und 2 cm Dicke (Putzscheiben). Dabei konnte auch der Putzaufbau (Unter- und Oberputz, gegebenenfalls Anstrich) praxisgerecht berücksichtigt werden. Wenn von den Mörteln gleichzeitig die

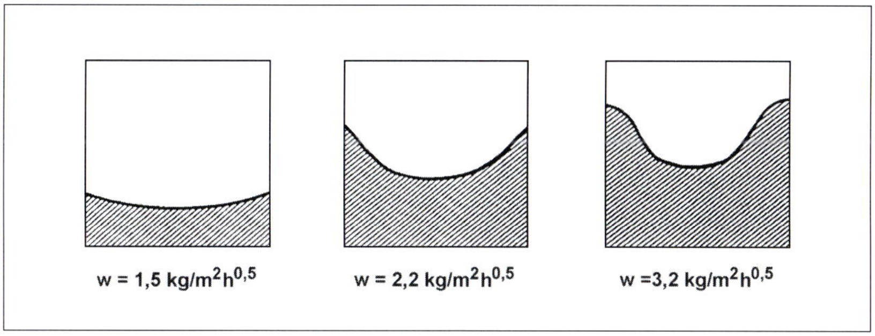

Bild 13
Darstellung von Durchfeuchtungsbildern bei Mörtelprismen unterschiedlicher Saugfähigkeit, die nach 1-stündigem Saugen aufgebrochen worden waren. Je größer die Saugfähigkeit (w-Wert), desto stärker werden Randeffekte bemerkbar.

Festigkeit an Mörtelprismen 4 cm × 4 cm × 16 cm zu prüfen war, dann erhob sich die Frage, ob zur Vereinfachung an diesen Proben nicht auch der w-Wert gemessen werden könne. Vergleichsuntersuchungen im Institut ergaben aber, dass sich die Ergebnisse in beiden Fällen deutlich unterscheiden. Die Messungen an Mörtelprismen lieferten generell größere w-Werte als die Messung an Putzscheiben. An Prismen von Mörteln unterschiedlicher Saugfähigkeit wurden die in Bild 13 dargestellten Durchfeuchtungsbilder festgestellt. Sie lassen erkennen, dass bei den Prismen deutliche Randeffekte zur Wirkung kommen. Das Verhältnis der Randlänge zur Saugfläche beträgt bei den Prismen 1:1,6, bei den Scheiben dagegen 1:5. Diese Randeffekte können durch unterschiedliche Mörtelzusammensetzung bedingt sein, die beim Einfüllen in die nicht der Praxis entsprechenden Formen zu Stande kommt oder sind möglicherweise auf unterschiedliche Quelleffekte bei den unterschiedlichen Probeformen zurückzuführen. Jedenfalls ist erkennbar, dass bei all den »unwägbaren« Einflüssen auch die Form der Probekörper einen deutlichen Einfluss hat.

2.2.2 Kapillarleitkoeffizienten für Saugen und Weiterverteilen

Die bisherigen Ausführungen bezogen sich auf die kapillare Wasseraufnahme von Proben bei direktem Kontakt mit Wasser, wie es beim Eintauchen einer Probe in Wasser oder beim Beregnen einer Wand der Fall ist, wobei der w-Wert eine pauschale kennzeichnende Bewertungsgröße ist. Wie das Wasser in das Material eindringt, ob über viele kleine Kapillaren oder über weniger große, wird dabei nicht berücksichtigt. Dies ist aber für die Art der Weiterverteilung des Wassers im Material wichtig und insbesondere für die Trocknung. Größere Kapillaren saugen wegen des geringeren Strömungswiderstandes rascher und effektiver als kleine, die dafür weiter saugen (größere Steighöhe). Die bei einem Saugversuch visuell erkennbare Wasserfront bedeutet nicht, dass das Wasser gleichmäßig hochsteigt, sondern diese Front wird durch die effektiven größeren Kapillaren bestimmt, während tatsäch-

Einfluss der Kapillargröße

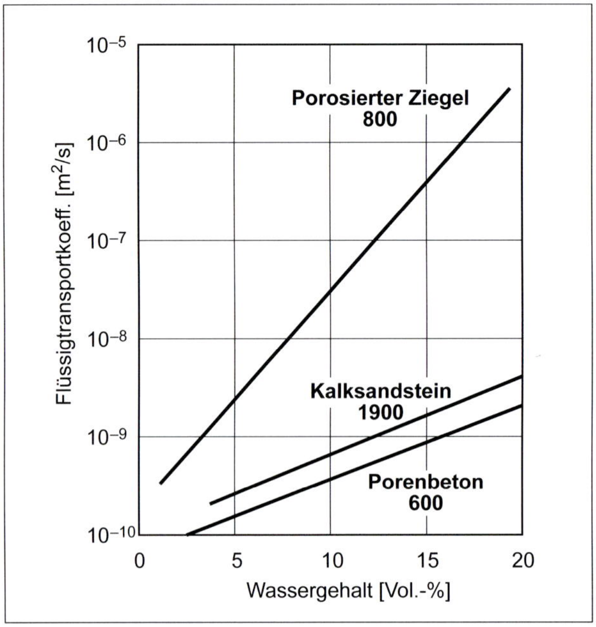

Bild 14
Flüssigtransportkoeffizienten, maßgebend für die kapillare Weiterverteilung in Ziegel, Kalksandstein und Porenbeton mit den angegebenen Rohdichten in Abhängigkeit vom Feuchtegehalt nach [10]. Zu beachten sind die um eine bzw. mehrere Zehnerpotenzen großen Unterschiede, abhängig vom Feuchtegehalt bzw. Baustoff.

lich der Wassergehalt in der Probe mit der Steighöhe abnimmt. Wird die Wasserzufuhr an der Saugfläche unterbunden (in der Praxis z.B. durch das Ende der Beregnung), dann setzt sich der Wassertransport trotzdem fort, indem die zwar weniger effektiven aber kapillaraktiveren kleineren Kapillaren das Wasser aus den größeren heraussaugen und weiterverteilen.

Saugfähigkeit und Weiterverteilung verschieden!

Der Transportkoeffizient dieser »Weiterverteilung« unterscheidet sich bei manchen Stoffen deutlich vom Koeffizienten bei direktem Wasserkontakt, der durch den w-Wert hinreichend genau beschrieben wird. Die Abhängigkeit dieser Koeffizienten vom Wassergehalt ist für die Baustoffe Ziegel, Kalksandstein und Porenbeton in Bild 14 nach neuen Untersuchungen im Institut dargestellt ([9], [10].) Man erkennt, dass dieser Koeffizient in hohem Maße vom Wassergehalt abhängig ist. Diese nicht auf Baustoffe beschränkte Tatsache kommt auch in der Erfahrung zum Ausdruck, dass ein trockener Schwamm viel weniger Wasser aufsaugen kann als ein etwas angefeuchteter. Porenbeton hat von den in Bild 14 aufgeführten Stoffen die kleinsten Werte der Weiterverteilungs-Koeffizienten, nämlich je nach Feuchtegehalt um ein bis drei Zehnerpotenzen geringere als Ziegel. Das bedeutet, dass bei Porenbeton Vorgänge des Feuchteausgleichs und der Trocknung durch Kapillarleitung deutlich langsamer verlaufen als bei Ziegel. Dieser Sachverhalt wird durch die Ergebnisse eines in Bild 15 erläuterten Trocknungsversuchs belegt und ist die physikalische Erklärung für manche Erfahrungen aus der Praxis: Bei neuverputzten Porenbetonwänden sieht der Putz rasch trocken aus, auch wenn das angrenzende Mauerwerk in der Tiefe noch erhöhte Feuchtegehalte aufweist. Andererseits tritt bei häufig beregneten Porenbetonwänden seltener Feuchtedurchschlag auf als bei Wänden aus Mauersteinen mit größerer Saugfähigkeit, beurteilt nach dem Transportkoeffizienten der Weiterverteilung.

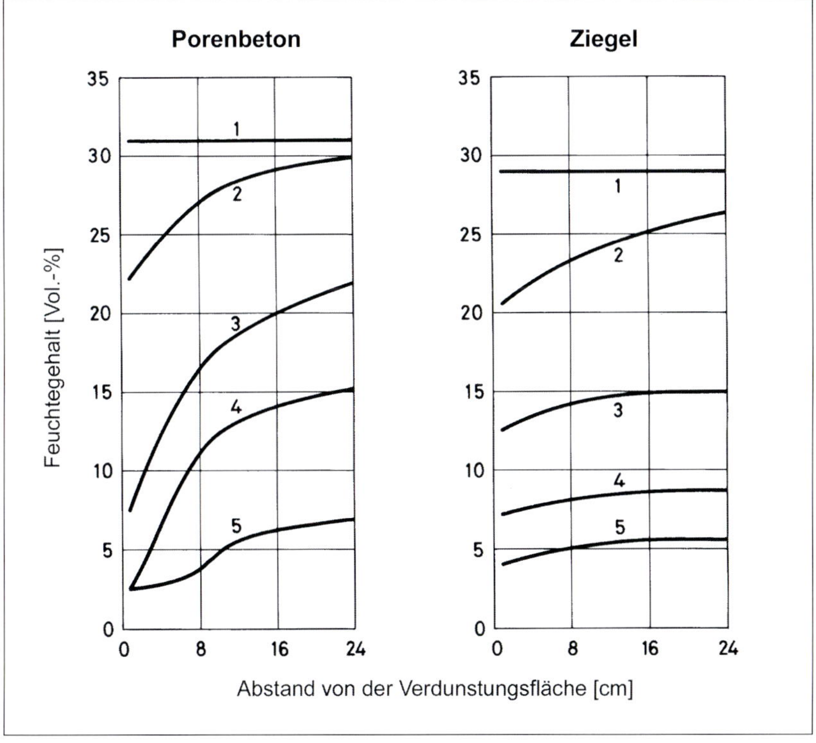

Bild 15
Feuchteprofile von Vollziegeln und Porenbetonproben in Ziegelformat, ausgehend von Sättigung (1) und zu verschiedenen Folgezeiten (2 bis 5) bei Lagerung im Klimaraum. Die Trocknung war nur von einer Stirnseite ausgehend möglich, übrige Seiten versiegelt. Wegen des großen Transportkoeffizienten für Weiterleitung stellen sich im Ziegel zu jedem Zeitpunkt keine großen Feuchtedifferenzen ein. Die im Gegensatz dazu größeren Feuchtedifferenzen bei Porenbeton sind durch den sehr kleinen Weiterleitungskoeffizienten bedingt; die Feuchtegehalte an den Verdunstungsflächen sind dadurch deutlich niedriger als in Probenmitte und auch niedriger als bei Ziegel in den Fällen 3 bis 5.

2.3 Wasserdampfdurchlässigkeit (s_d-Wert)

Auch die Messergebnisse der Wasserdampf-Durchlässigkeit werden von der Herstellung und der Nachbehandlung der Prüfkörper beeinflusst. Kreisrunde Scheiben von 20 cm Durchmesser haben sich für diese Messung bewährt, die – wie bereits erwähnt – auch für die Saugversuche gut geeignet sind. Die Putzscheiben wurden entweder auf Porenbetonplatten oder einem anderen saugfähigen Material unter Zwischenlage von Papier oder auf Kunststoffplatten hergestellt, wobei im letzteren Fall eine wegen der fehlenden Wasserabsaugung gegebenenfalls entstandene »Sinterhaut« nach erster Verfestigung entfernt worden ist.

Zur Ermittlung der Diffusionseigenschaften von Anstrichen und Beschichtungen, die nicht als Film allein geprüft werden können und daher auf einem tragenden Untergrund aufgebracht werden müssen, eignen sich ebenfalls kreisrunde Scheiben, die zunächst ohne, dann mit Beschichtung gemessen werden. Die Diffusionseigenschaften des Trägermaterials (dünne Platten aus Porenbeton oder Putz) gehen dann in das Ergebnis ein. Dies ist aber hinnehmbar, da es sich – wie bei den meisten Mörtelprüfungen – vorzugsweise um vergleichende Bewertungen handelt.

2.4 Zusammenfassung und Folgerungen

Normierte Verfahren

Es ist festzustellen, dass nicht nur die Festigkeitseigenschaften, sondern auch die hygrothermischen Eigenschaften von Putzen von der Form und Größe der Proben sowie deren Herstellung und Nachbehandlung abhängen. Derartige Messungen sind als normierte Verfahren zu bewerten ohne Anspruch darauf, dass gleiche Ergebnisse unter praktischen Verhältnissen am Bau anzutreffen sind, vor allem dann nicht, wenn die Putze schon Jahre alt sind. Dies ist bei Begutachtungen zu berücksichtigen und erfordert Erfahrungen und Urteilsfähigkeit des Gutachters.

Vergleichsverfahren

Auch andere Methoden zur Prüfung der Wasseraufnahme von Putzen vor Ort sind nicht dafür geeignet, den normierten w-Wert eines Putzes zu bestimmen. Bekannt ist z.B. der »Wassereindringprüfer« nach Karsten [12]. Das Prüfröhrchen mit einer Befeuchtungsfläche von wenigen Quadratzentimetern wird mittels einer Dichtungsmasse auf den Putz aufgebracht und die Wasserabsaugung in Abhängigkeit von der Zeit ermittelt. Diese Methode ist dafür geeignet, vergleichend und zerstörungsfrei die Saugfähigkeit einer Wandfläche zu beurteilen und insbesondere den Einfluss vorhandener Risse oder sonstiger Fehlstellen zu bewerten. Die Ermittlung eines dem w-Wert angenäherten Wertes ist aber insbesondere aus folgendem Grund nicht möglich: Bei einer Putzscheibe oder einem Putzprisma nach Norm ist jeweils eine definierte und gleich bleibende Saugfläche vorgegeben. Bei dem Karsten-Röhrchen nimmt die Saugfläche im Verlauf des Saugvorgangs zu und zwar in unterschiedlicher Weise, je nach der Schichtung und »Quersaugfähigkeit« des Putzes.

Als weitere Folgerung ist festzuhalten, dass zur Beurteilung der Kapillareigenschaften nicht mehr – wie es bisher meist der Fall war – allein der w-Wert betrachtet wird, sondern auch die Weiterverteilung der Feuchtigkeit durch den zutreffenden Transportkoeffizienten berücksichtigt wird. Entsprechende Beurteilungen sind durch numerische Rechenverfahren möglich (z.B. [9]).

2.5 Überlegungen

Die Anforderungen an wasserabweisende Außenputze wurden von mir erstmals 1968 formuliert, und zwar vorwiegend auf Grund von Untersuchungen an Kunstharzputzen [6]. Mit etwas abgeänderten Zahlenwerten wurden sie dann in die 1985 erschienene Putznorm aufgenommen. Folgende Anforderungen gelten hiernach für Wasser abweisende Außenputze:

$$w \cdot s_d \leq 0{,}2 \ \mathrm{kg/(m \cdot h^{0,5})}$$
$$w \leq 0{,}5 \ \mathrm{kg/(m^2 \cdot h^{0,5})}$$
$$s_d \leq 2{,}0 \ \mathrm{m}$$

Folgende Überlegungen führten zu diesen Zahlenwerten: Je kleiner der w-Wert ist, desto größer darf der s_d-Wert sein, damit die während einer Regenperiode aufgenommene Feuchte wieder durch Diffusion abgegeben werden kann. Bei größerer Saugfähigkeit des Putzes (größerer w-Wert) ist aus dem gleichen Gesichtspunkt ein kleinerer s_d-Wert zu fordern. Schließlich sind beide Kennwerte nach oben zu begrenzen; beide Werte dürfen nicht zu groß sein, um eine vorübergehend große Wasseraufnahme oder lange Trocknungsdauer zu vermeiden. Die Zahlenwerte wurden aus einer großen Zahl von experimentellen Untersuchungen an Wandproben bei natürlicher Bewitterung im Klima Holzkirchen empirisch abgeleitet. Das »Zulässigkeitsfeld« für wasserabweisende Putze ist in Bild 16 grafisch dargestellt.

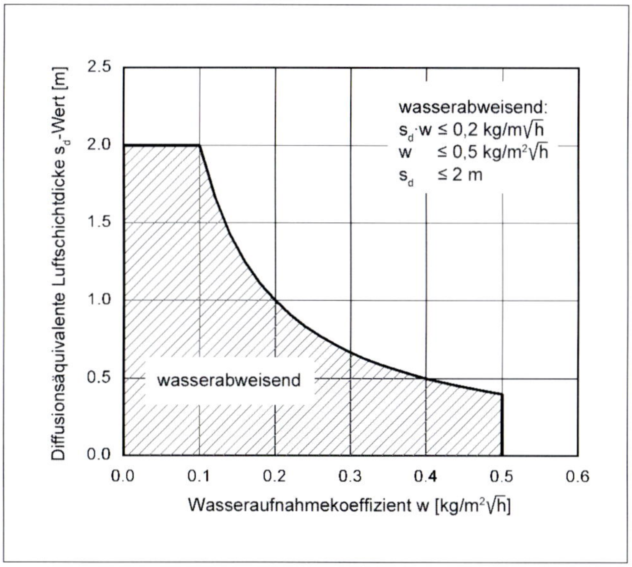

Bild 16
Anforderungen an wasserabweisende Außenputze durch den w-Wert und s_d-Wert.
Beide Werte sind nach oben – wie angegeben – zu begrenzen.

Wie erwähnt, wurde ein Großteil der Untersuchungen an Kunstharzputzen vorgenommen, die zu jener Zeit neu aufgekommen sind. Dabei erwies sich der s_d-Wert zur Beurteilung der Diffusionseigenschaften als besonders wichtig. Die weitere Entwicklung führte zur verstärkten Verwendung von mineralisch gebundenen Putzen und zu anders formulierten, dampfdurchlässigeren Kunstharzputzen. Bei mineralischen Putzen liegt der s_d-Wert deutlich unter 2,0 m, sodass es in diesem Fall gerechtfertigt ist, die Regenschutzwirkung allein auf Grund des w-Werts zu beurteilen, wie dies seit längerer Zeit auch praktiziert wird. Die Anforderungen gemäß Bild 16 sollten aber als Grundanforderungen bestehen bleiben.

Bei mineralischen Putzen genügt der w-Wert

Einige kritische Anmerkungen sind noch zu derzeit gültigen einschlägigen Normaussagen zu machen:

Vereinheitlichung der Messverfahren

In früheren Jahrzehnten war man bestrebt, Messmethoden für physikalische Größen so zu vereinheitlichen, dass sie allgemein und für verschiedenartige Stoffe in gleicher Weise angewandt werden können. Damals gab es auch einen Normungsausschuss »Wärmeschutztechnisches Messen«, der für solche Aufgaben zuständig war, aber später aufgelöst worden ist. Die Absicht nach vereinheitlichten Messmethoden führte z. B. dazu, dass in der zweiten Ausgabe von 1987 der Diffusionsnorm DIN 52615 (Bestimmung der Wasserdampfdurchlässigkeit von Bau- und Dämmstoffen) verschiedene Mess-Randbedingungen aufgeführt worden sind, um andere Baustoffgruppen mit abzudecken und damit weitere Prüfnormen überflüssig zu machen, z. B. die Kunststoffnorm DIN 53429. Dieser Gesichtspunkt einer Vereinheitlichung gleichartiger Prüfverfahren gilt heute offensichtlich nicht mehr, was zur Folge hat, dass jede Baustoffgruppe ihre eigenen Normen entwickelt und dabei meist nicht auf vorhandene Erfahrungen zurückgreift.

Ein Beispiel für die Nicht-Berücksichtigung von vorhandenen Erfahrungen liefert die Norm DIN EN 1015-18 (Prüfverfahren für Mörtel für Mauerwerk, Bestimmung der kapillaren Wasseraufnahme von erhärtetem Putzmörtel – 1999). In dieser Norm wird die Prüfung an Prismen und an Scheiben in gleicher Weise zugelassen, wobei der Einfluss der Probenabmessungen auf das Ergebnis unberücksichtigt bleibt. Es entzieht sich meiner Kenntnis, ob zuvor – wie sonst üblich – entsprechende Vergleichs- oder Ringversuche durchgeführt worden sind.

Erfahrungen nicht berücksichtigt

Ein weiteres Beispiel des Außer-Acht-Lassens vorhandener Erfahrungen geben die Normen zur Ermittlung der w-Werte und s_d-Werte von Kunstharzputzen. Unter der Hauptüberschrift »Beschichtungsstoffe und Beschichtungssysteme für mineralische Untergründe und Beton im Außenbereich« gibt es aus dem Jahr 1999 die Norm DIN EN 1062-3 (Bestimmung und Einteilung der Durchlässigkeitsrate für flüssiges Wasser [Permeabilität]) und die Norm DIN EN ISO 7783-2 (Bestimmung und Einteilung der Wasserdampf-Diffusionsstromdichte [Permeabilität]). Dass beide Arten von Stoffdurchgängen als Permeabilität bezeichnet werden, kann man noch hinnehmen. Dass aber der seit Jahrzehnten als »Wasseraufnahmekoeffizient« bezeichnete w-Wert in dieser Norm »Wasserdurchlässigkeitsrate« genannt wird, ist irreführend. Wenn nach diesen neuen Normen der w-Wert einer Beschichtung auf Kalksandstein als Untergrund gemessen wird und der s_d-Wert auf einer Glasfritte, dann sind mit Sicherheit die auf den beiden Untergründen entstandenen Beschichtungen nicht von gleicher Art. Der Einfluss des Untergrunds auf die Eigenschaften des Putzes wurden bereits ausführlich dargelegt. Hinzu kommen Herstellungsprobleme: Ein Reibeputz kann auf einer Fritte von 9 cm Durchmesser weniger praxisgerecht aufgebracht werden als auf einer Scheibe von 20 cm Durchmesser. Die von mir vorgeschlagene Methode, die beiden für den Regenschutz wichtigen Größen w und s_d an ein und derselben Probe zu ermitteln, war eine wesentliche Voraussetzung für die Bewertung des Regenschutzes einer Beschichtung. Wenn von diesem bewährten Prinzip abgegangen wird, müssten zwingende Gründe vorliegen, die aber nicht erkennbar sind. Vorrangig ist in solchen Fällen immer die Zweckmäßigkeit und die Machbarkeit, da ein wirklich »richtiger« Messwert nach den obigen Ausführungen sowieso nicht erreichbar ist.

w und s_d von ein und derselben Probe!

3 Putzschäden – Risse und Ablösungen

Putzrisse

Es gibt Putzschäden, die allein von den speziellen Eigenschaften des Putzes hervorgerufen werden, so genannte »putzbedingte Schäden«. Hierzu gehören Schwindrisse und Sackrisse. Bei Putzablösungen als Schaden spielt die Putzhaftung eine Rolle und damit sind die Eigenschaften des Putzgrundes mitverantwortlich. Fugen oder Risse im Putzgrund haben in der Regel – wenn nicht besondere Maßnahmen ergriffen werden – auch Risse im Putz zur Folge. Auch so genannte »Kerbrisse« können mit dem Putzgrund zusammenhängen, aber auch mit den geometrischen Verhältnissen (z.B. an Fensterecken). Schließlich treten an den Rändern von verputzen Flächen vom Mittelbereich abweichende Spannungen auf, welche zu Putzablösungen führen können. Entscheidend ist in all diesen Fällen die Wahl der richtigen Maßnahmen zur Schadensvermeidung.

Mauerrisse

Gebäuderisse

Des Weiteren kann man unterscheiden zwischen »putzgrundbedingten Rissen«, die durch die Eigenschaften des unmittelbaren Putzgrundes bedingt sind (kurz »Mauerrisse«) und »gebäudebedingten Rissen« (kurz »Gebäuderisse«). Letztere sind auf Bewegungen des gesamten Gebäudekomplexes zurückzuführen, die durch das Zusammenwirken der einzelnen Bauteile entstehen und in der Regel auch von der Architektur und Materialwahl abhängen. Weniger schwer sind im Allgemeinen von den Eigenschaften der Fundamentierung hervorgerufene »Setzungsrisse« zu diagnostizieren, die aber hier nicht behandelt werden.

Nach diesen Vorbemerkungen ist einzusehen, dass eine eindeutige Klassifizierung von Putzschäden bzw. deren Ursachen nicht immer möglich ist. Meist wirken verschiedene Ursachen zusammen. Im Folgenden werden Putzschäden nach ihren Erscheinungsformen und Hauptursachen behandelt.

3.1 Schwindrisse

Mit dem Aufbringen des Putzes auf den Putzgrund beginnen der Wasserentzug und die Erhärtung der Putzschicht. Beides hängt von den Umgebungsbedingungen ab: Der Wasserentzug entsprechend der Saugfähigkeit des Putzgrundes und der Verdunstung nach außen, die Erhärtung entsprechend der Karbonatisation bzw. Hydratation des Bindemittels. Wenn die Putzfestigkeit rascher zunimmt als die durch die Trocknung bedingten inneren Spannungen, dann entstehen keine

Schwindrisse. Deshalb ist es wichtig, den frisch aufgebrachten Putz vor zu raschem Trocknen zu schützen bzw. gegebenenfalls nachzufeuchten. Erfolgt die Trocknung rascher als die Festigkeitsentwicklung, dann bilden sich Schwindrisse, deren Art abhängt von der Putzdicke, der Trocknungs- bzw. Erhärtungsgeschwindigkeit und sonstigen Randeinflüssen. Man kann Schwindrissbilder modellmäßig gut mithilfe von Lehmschichten darstellen und studieren. Typische Schwindrisse in einer großen, zusammenhängenden und ungestörten Fläche zeigt z.B. Bild 17.

Schwindversuche mit Lehm

Bei kleineren, begrenzten Flächen machen sich Randeinflüsse bemerkbar, wie durch Bild 18 bis Bild 21 verdeutlicht wird. Für diese Versuche wurde ein fetter Lehm mit einem Schwindmaß von 25 mm/m verwendet. Bild 18 zeigt Schwindrisse in einer 10 mm dicken Lehmschicht, aufgebracht auf eine Porenbetonplatte. Abgesehen von den Rändern, an denen leichte Aufwölbungen entstanden sind, haftete der Lehm auf dem sägerauen Porenbetongrund gut, wodurch ein enges Netz von Schwindrissen entstanden ist. Beim Aufbringen einer gleichen Lehmschicht auf eine Teflonplatte entstanden ein gröberes Rissnetz und größere rissfreie Eckbereiche (Bild 19). Dies ist dadurch bedingt, dass wegen der geringen Haftung des Lehms auf dem Teflon eine gewisse Beweglichkeit (ein »Schlupf«) der Lehmschicht gegeben ist, die sich insbesondere an den Ecken auswirkt.

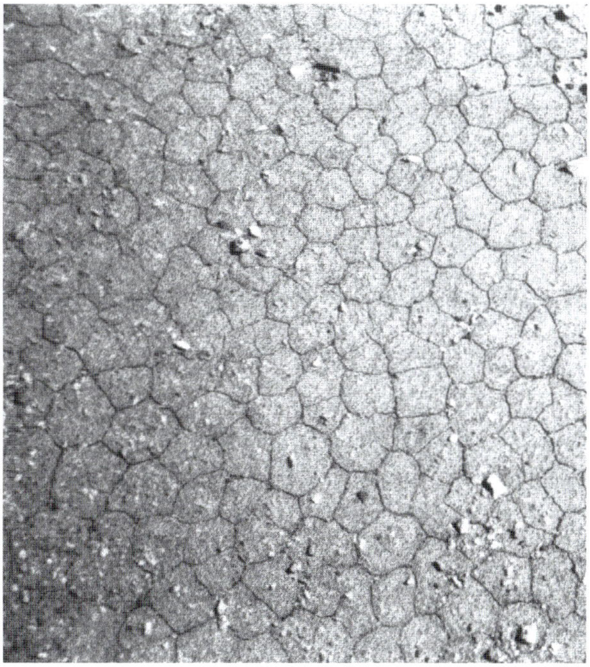

Bild 17
Typische Netzrisse, die beim Trocknen einer Lehmschicht entstehen. Der Netzdurchmesser – hier ca. 12 cm – hängt von der Trocknungsgeschwindigkeit, der Schichtdicke und der rückseitigen Haftung ab. (Aufnahme des Flachdaches eines ländlichen Gebäudes in Griechenland). Bei Regen schließen sich die Fugen, so dass der Lehmbelag abdichtend wirkt.

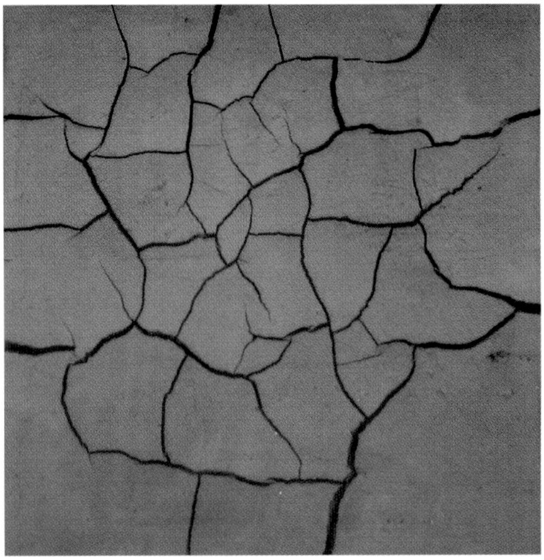

Bild 18
Schwindrisse in einer Lehmschicht von 22 cm × 22 cm Fläche und 1 cm Dicke, aufgebracht auf sägerauem Porenbeton.

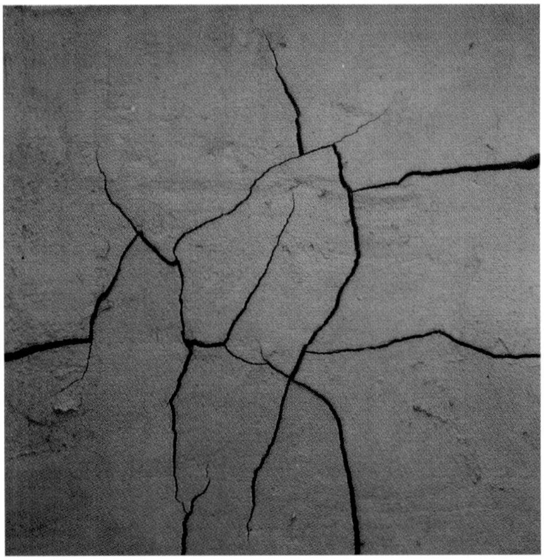

Bild 19
Schwindrisse in einer Lehmschicht wie bei Bild 18, aber aufgebracht auf einer Teflonplatte. Infolge der geringeren Haftung auf dem Untergrund ist ein größeres Schwindrissnetz entstanden, insbesondere die »beweglicheren« Eckbereiche sind relativ rissfrei.

Bei einer schmalen Probenform bilden sich nur Risse senkrecht zur Längsrichtung, da in der schmalen Querrichtung offensichtlich ein rissfreies Schwinden von ausreichendem Maße erfolgen kann (Bild 20). Bei Lehmproben in Form des Ausschnitts einer Fensterecke bilden sich an den Schenkeln ebenfalls Querrisse aus und zusätzlich »Diagonalrisse« im Eckbereich, wie man sie von den »Fenstereckrissen« kennt (Bild 21).

Aus den mit Lehm durchgeführten Modellversuchen ergeben sich nachstehende Folgerungen:

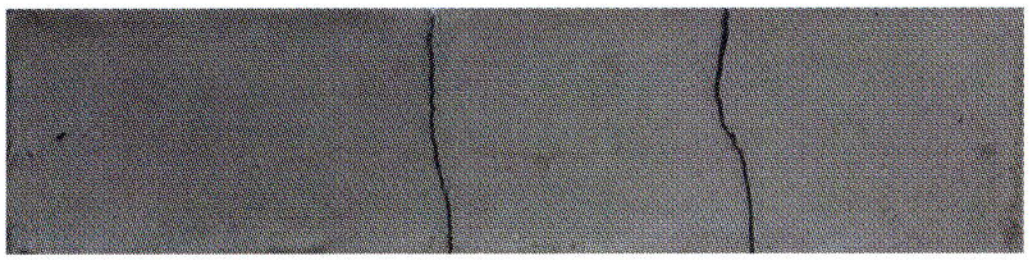

Bild 20
Schwindrisse in einer Lehmschicht von 5 cm × 22 cm Fläche und 1 cm Dicke, aufgebracht auf einer Teflonplatte. Infolge der geringen Haftung auf dem Untergrund war in Querrichtung eine Kontraktion ohne Rissbildung möglich, lediglich in Längsrichtung sind zwei Quer-Schwindrisse entstanden.

Ein starrer Putzgrund wirkt für eine fest haftende Beschichtung wie eine Armierung, die gegebenenfalls allein von der Beschichtung bedingte Formänderungen vermeiden kann. Bei schwindanfälligen Beschichtungen (wie Lehm) können entsprechende Schwindrisse auftreten, denen bei Putzbeschichtungen durch die Art und Nachbehandlung des Putzes zu begegnen ist. Bei geringer Haftung – wie hier Lehm auf Teflon – hängt der Einfluss des Untergrundes auf das Schwindverhalten vom Grad der Haftung bzw. der Verformbarkeit des Untergrundes ab.

Dämmschichten sind keine Putzarmierung

Eine ähnliche Situation ist in der Praxis bei schubweichen Untergründen (z. B. Dämmschichten) gegeben, die nicht in gleicher Weise als Armierung wie starre Putzgründe wirken können. Der schubweiche Putzträger kann nachgeben und die Eigenbewegungen des Putzes ermöglichen. In diesem Fall sind zusätzliche Maßnahmen zweckmäßig, die von den mechanischen Eigenschaften des Putzgrundes und der Putzschicht abhängen. In der Regel bestehen solche Maßnahmen im vollflächigen oder partiellen Einlegen eines Armierungsgewebes in den Putz. Für einen dünnen Kunstharzputz mit kleinem E-Modul kann ein weicher Hartschaum-Putzgrund eine ausreichende »Armierung« im obigen Sinne bedeuten. Für dickere Putze bewirkt aber ein weicher

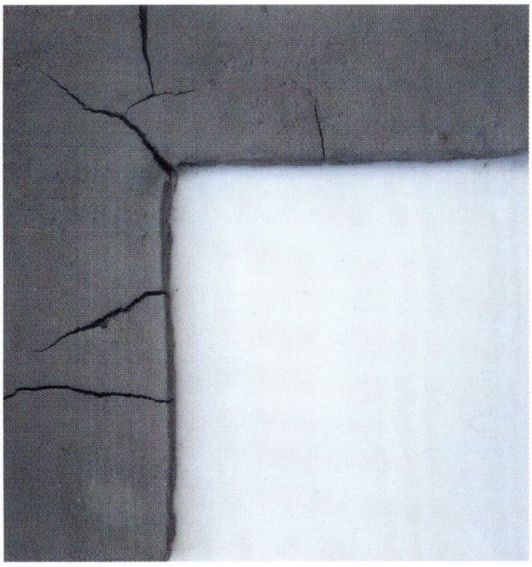

Bild 21
Schwindrisse in einer eckförmigen Lehmschicht, Schenkellänge 22 cm, Breite 7 cm, aufgebracht auf einer Teflonplatte. Neben ähnlichen Querrissen wie in Bild 20 sind zusätzlich Eckrisse entstanden.

Bild 22
Teilansicht eines Wohngebäudes mit Flachdach, Außenwände aus Porenbeton, Attika Normalbeton mit Außendämmung durch WDV-System. Im Putz der etwa 50 cm hohen Attika sind vertikale Schwindrisse aufgetreten, da der Putzgrund EPS nicht ausreichend als »Armierung« wirkt (Risse nachgezeichnet).

Grund aus Hartschaum oder Mineralwolle keine ausreichende Behinderung der Schwindtendenz. Deshalb ist z.B. bei WDV-Systemen eine Eckarmierung bei den Fenstern zweckmäßig. Und wegen dem stärkeren »Eigenleben« von Dickputzen ist es auch verständlich, dass diese eher zu Eckrissen neigen als Dünnputzsysteme.

Diese Folgerungen aus den Modellversuchen werden durch Untersuchungen an Versuchswänden und durch praktische Erfahrungen bestätigt: An vorhandenen Wandflächen mit Fenstern in der Freilandversuchsstelle Holzkirchen wurden an WDV-Systemen mit Mineralwolle systematische Untersuchungen durchgeführt [11]. Variiert wurden

– Putzdicke durch Anwendung von Dünnschicht- und Dickschichtputzen (6 mm bzw. 12 mm Armierungsputz),
– ohne und mit Eckarmierung (Armierungspfeile),
– verschiedene Dämmschichtanordnung (Dämmplatten »ausgeklinkt« oder nicht).

Dünnputze weniger rissanfällig als Dickputze

Das Ergebnis war, dass nur bei Varianten mit Dickschichtsystemen Fenstereckrisse und z.T. Vertikalrisse unterhalb der Fenster aufgetreten sind, unabhängig von sonstigen Maßnahmen, aber in keinem Fall Risse bei einer der Varianten mit dem Dünnschichtsystem. Dies bestätigt, dass lediglich die Schwindkraft der Putzschicht im Verhältnis zur Festigkeit des Putzgrundes (= Armierungswirkung) für das Auftreten solcher Risse entscheidend ist.

Eine Bestätigung der »Querrissbildung« bei schmalen verputzten Bauteilflächen auf »beweglichem« Putzgrund – wie beim Modell in Bild 20 – liefert das Rissbild auf der gedämmten Attika in Bild 22. In der Querrichtung konnte der Putz auf dem 50 cm breiten Dämmstreifen ohne Bildung von Rissen ausreichend schwinden, nicht jedoch in der Längsrichtung. Auf dem verputzten Mauerwerk aus Porenbeton sind keine systematischen Risse aufgetreten.

3.2 Sackrisse

Die Bezeichnung »Sackriss« kommt vom Absacken des aufgebrachten Frischmörtels bei zu dickem Putzmörtelauftrag infolge dessen Gewichts, wodurch mehr oder weniger horizontal ausgerichtete Risse entstehen. Bei heutigen Werkmörteln kommt diese Rissart kaum mehr vor. Hierfür gibt es zwei Gründe: Einmal die meist geringere Rohdichte des Frischmörtels infolge der Verwendung von Leichtzuschlägen und zum anderen die heute üblichen Zusätze zur Verbesserung der Verarbeitbarkeit des Mörtels. Der dadurch geschmeidigere Mörtel mit großer Kohäsion neigt nicht zu dem genannten Absacken. Diese Rissart gehört somit eher der Vergangenheit an und wird hier nur noch der Vollständigkeit wegen aufgeführt.

3.3 Kerbrisse

Eine besondere Art von Rissen sind so genannte Kerbrisse, die sich durch seitliche oder rückseitige »punktuelle« Formänderungen in einer Putzschicht bilden. Beispiele für Kerbrisse werden durch die folgenden Bilder dokumentiert:

Bild 23
Vertikale Steinrisse infolge Kerbwirkung der benachbarten Stoßfugen bei Sandstein-Außenmauern der Kirche in Herrenberg.

Bild 24
Vertikaler Mauerriss in verputztem Leichtziegel-Mauerwerk, der sich nach partiellem Entfernen des Putzes als Kerbriss der Stoßfugen erweist, der durch den angrenzenden Stein durchgeht (Foto U. Erfurth).

Bild 23

Bild 24

Beispiel 1 (Bild 23)

Stoßfugen der im Verband vermauerten Sandsteine der Außenwand der Kirche in Herrenberg haben Risse in den Steinen der jeweils angrenzenden Steinlagen zur Folge.

Beispiel 2 (Bild 24)

Wie im Beispiel 1 setzen sich Stoßfugen durch vertikale Risse in den angrenzenden Steinlagen aus porosierten Lochziegeln fort.

Bild 25

Bild 26

Bild 25
Vertikale Risse in angemörtelten Bekleidungsplatten, hervorgerufen durch die Kerbwirkung benachbarter Fugenrisse.

Bild 26
Risse in Werkstein-Bodenplatten, hervorgerufen durch Fugen benachbarter Plattenlagen, die als Kerben wirkten.

Beispiel 3 (Bild 25)

Bei einer Wandbekleidung auf einem WDV-System aus keramikähnlichen Platten sind Ablösungen des Verfugungsmörtels aufgetreten, wobei sich die entstandenen Rissen in den benachbarten Platten fortsetzen.

Beispiel 4 (Bild 26)

Auf dem Bodenbelag aus großformatigen Kunststeinplatten der Fußgängerunterführung zum Nationaltheater München zeichnen sich die Mörtelfugen durch Risse in den angrenzenden Platten ab.

In allen geschilderten Fällen haben sich offensichtlich Fugenbewegungen in die angrenzenden Bauteile übertragen und dort Risse veranlasst. Auf solche Bewegungen kann man z.B. auf die sichtbaren Ablösungen zwischen Bekleidungsplatten und Fugenmörtel in Bild 25 schließen. Solche Bewegungen mögen sehr gering sein, haben aber wohl große »punktuelle« Kräfte zur Folge, wenn man die Risse in Sandsteinblöcken oder Kunststeinplatten betrachtet (Bild 23 und Bild 26).

3.4 Randeffekte

Mehrmals wurde schon darauf hingewiesen, dass an den Rändern andere Verhältnisse herrschen als im ungestörten Mittelfeld einer Baukonstruktion. Dass Schäden oft von Randbereichen ausgehen, dafür werden im Folgenden einige Beispiele aufgeführt:

Beispiel 1 (Bild 27)

An einem Bodenbelag aus Hartbrandziegeln, die im Freien mit Sand verfugt verlegt sind, sind Frostschäden aufgetreten. Der Schaden ist durch »Absprengen« von Randschichten entstanden; in Steinmitte sind in keinem Fall Schäden erkennbar.

Beispiel 2 (Bild 28)

Keramikplatten auf einem WDV-System haben sich am Sockel und an der Hausecke, beides Westseite, infolge Frosteinwirkung abgelöst.

Bild 27
Frostschaden durch Absprengen der Randbereiche eines Ziegels von einem Bodenbelag, der im Freien mit Sand verfugt ist.

Bild 28
Frostabsprengung der Keramikplatten in den Randbereichen des Sockels und der Wandecke (West-Süd) bei einem Haus auf dem Versuchsgelände Holzkirchen (Keramikbekleidung auf Wärmedämmung). Im oberen Eckbereich kamen spezielle Keramikplatten »über Eck« zur Anwendung, an denen keine Schäden aufgetreten sind.

Bild 29
Putzschäden bei einem WDV-System in den Randbereichen zu einer Gebäudetrennfuge.

Bild 27

Bild 28

Bild 29

Bild 30
Putzabplatzungen an den Ecken bzw. Rändern von Fachwerk-Ausfachungen. Bei dem kleinen Gefach rechts ist der Putz ganz abgefallen.

Beispiel 3 (Bild 29)

Im unmittelbaren Bereich einer Gebäudetrennfuge hat sich partiell der Oberputz eines WDV-Systems abgelöst.

Beispiel 4 (Bild 30)

In Randbereichen von Fachwerk-Ausfachungen hat sich der Putz abgelöst. Dies ist ein typischer »Fachwerkschaden«, der vorwiegend bei kleinen Gefachen und spitzen Zwickeln zu beobachten ist; an den Ecken und Spitzen addieren sich gewissermaßen die Randeffekte.

Die beschriebenen, unterschiedlichen Fälle gleichen sich darin, dass die Defekte an Randschichten aufgetreten sind, die eine »Bewegungsmöglichkeit« haben und nicht durch Gegenkräfte gewissermaßen »fixiert« sind. Diese Situation wird durch die Schemadarstellung in Bild 31 erläutert. Durch die daraus resultierende Bewegungstendenz – abhängig von der hygrothermischen Beanspruchung – wird der Haftverbund von aneinander grenzenden Schichten stärker beansprucht als es im ungestörten Mittelbereich der Konstruktionen der Fall ist. Im Prinzip ist die Situation mit den Verhältnissen in Bild 8 vergleichbar, wobei das linke Schema dem Rand und das rechte dem Mittelbereich entsprechen. Möglicherweise wäre der Frostschaden in Bild 27 bei kraftschlüssiger Verfugung an Stelle losen Sandes nicht aufgetreten.

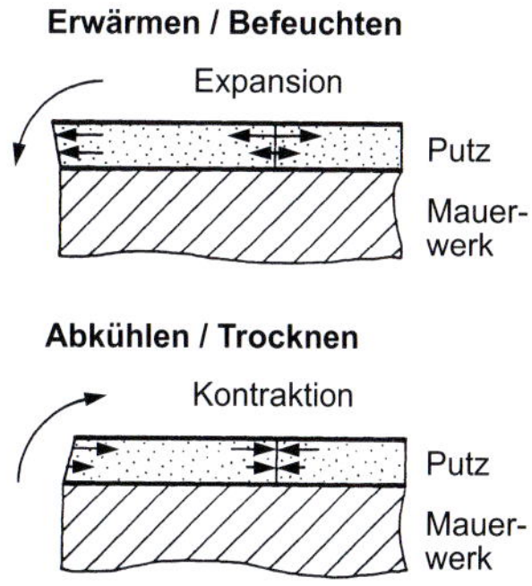

Bild 31
Schematische Darstellung der Verformungstendenzen des Putzes auf Mauerwerk am Rand und in Feldmitte bei verschiedenen Außeneinwirkungen. Diese führen am Rand zu einem Wechsel zwischen Andruck und Aufwölbung (Kreispfeile) und bei geringer Haftfestigkeit zur Putzablösung.

Bild 32
Großflächige Ablösung des Außenputzes von Porenbeton-Mauerwerk. Die unterschiedlichen Formänderungen von Putz und Putzgrund und die geringe Haftung des relativ dicken und harten Putzes führte zu dem Schaden.

3.5 Putzablösung

Zugspannungen in einer Putzlage können zu Rissen führen und Druckspannungen bei geringer Haftfestigkeit zu Aufwölbungen und Ablösungen. Da die Druckfestigkeit um ein Mehrfaches größer ist als die Zugfestigkeit, treten Risse im Putz viel häufiger auf als Putzablösungen. Beispiele von Putzablösungen zeigen Bild 32 und Bild 33.

Geringe Haftung, großer E-Modul

Der Putz auf Porenbeton in Bild 32 hatte offensichtlich eine zu geringe Haftung und ist relativ dick und hart (großer E-Modul). Die unterschiedlichen hygrothermischen Eigenschaften von Porenbeton und Putz führten deshalb zu großflächigen Ablösungen.

Bei kunstharzgebundenen Putzschichten ist eine Ablösung von einem mineralischen Grundputz oder einem mineralische Putzträger ein typisches Schadensbild (Bild 33). Einmal ist die Haftung eher eine »Verklebung« und keine Verbindung wie bei mineralischen Schichten und zum anderen weichen die Eigenschaften des Quellens und Schwindens und der Wärmedehnung bei organisch und mineralisch gebundenen Stoffen stärker voneinander ab. Trotz eines niedrigen E-Moduls können daher Blasenbildungen, Aufwölbungen und Ablösungen auftreten. Die manchmal vorgebrachte Meinung, dass solche Ablösungen durch den Dampfdruck von innen verursacht werden, trifft nicht zu. In der Regel dringt Feuchtigkeit von außen durch Fehlstellen ein, wodurch infolge Quellung die Haftfestigkeit der Kunstharzbeschich-

Bild 33
Ablösung des Kunstharzputzes vom Armierungsputz eines WDV-Systems. Infolge der unterschiedlichen hygrothermischen Verformungstendenzen der beiden Putze und vermutlich einer Hinterfeuchtung des Kunstharzputzes (verminderte Haftfestigkeit) kam es zu dem Schaden.

Bild 34
Ablösungen eines Dispersionsanstrichs vom Putz, ausgehend meist von Rissen, die zur Hinterfeuchtung und Haftminderung des Anstrichs führten.

Filmbildende Anstriche

tung reduziert wird und es dann unter dem Einfluss von Temperatur- und/oder Feuchteänderungen zu Ablösungen kommt. Ein solches Schadensbild war in der Vergangenheit für Dispersionsanstriche auf Putz typisch bevor man wieder mehr auf mineralische Anstriche übergegangen ist (Beispiel von vielen: Bild 34). Dabei war auch die Verseifungsanfälligkeit der früheren Bindemittel mitverursachend. Solche Schadensbilder verstärkten die Denkmalpfleger in ihrer Ablehnung moderner Anstrichsystemen.

3.6 Mauerrisse

Abzeichnen der Fugen

Ein bekanntes Schadensbild sind Putzrisse längs der Lager- und Stoßfugen von Leichtbeton-Mauerwerk, die oft erst nach 2 bis 3 Jahren – nach Trocknung und Schwindung der Mauersteine – auftreten (siehe hierzu Bild 15, Bild 16 und Bild 55 bis Bild 57 in [12]). Manchmal wird der Verlauf solcher Mauerrisse auch durch Schwindvorgänge im Putz mitbeeinflusst und dadurch vom Fugenraster abgelenkt. Ein Beispiel hierfür ist in Bild 35 dargestellt. Bei einem mit Baustellenmörtel verputzten Porenbeton-Mauerwerk auf dem Freigelände Holzkirchen sind nach drei Jahren Putzrisse längs der Lagerfugen und unregelmäßige Risse, teilweise entlang der Stoßfugen, festgestellt worden. Die Festigkeit des relativ harten Baustellenputzes hat dazu geführt, dass eine Mischung zwischen Fugenraster und reinen Putz-Schwindrissen entstanden ist.

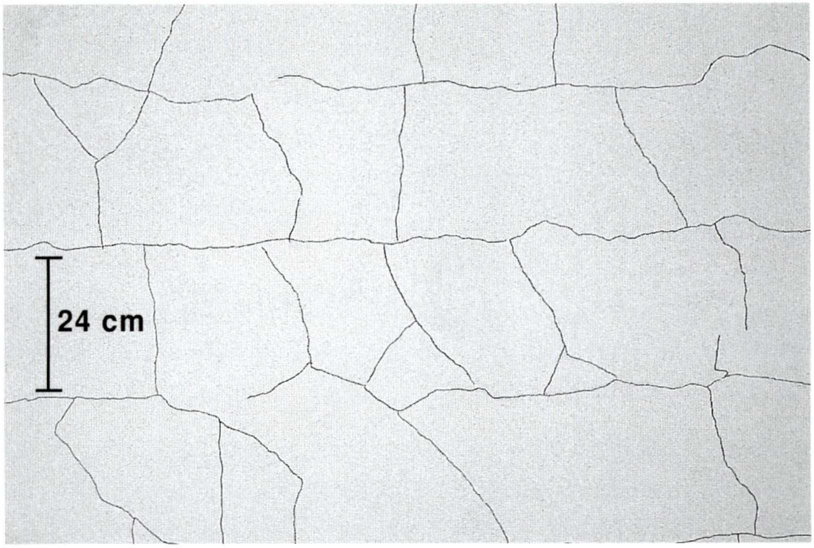

Bild 35
Risse (nachgezeichnet) im Außenputz auf Mauerwerk aus Porenbeton. Die Lagerfugen zeichnen sich fast durchgehend als Putzrisse ab, die mehr vertikalen Risse werden durch die Stoßfugen und Schwindeffekte beeinflusst.

Bild 36
Putzriss, ausgehend vom eingebauten Rollladenkasten. Infolge Kerbwirkung wird der Riss im Putz noch etwas weitergeführt.

Als Mauerrisse sind auch Risse gemäß Bild 36 einzustufen, die von im Putzgrund aneinander grenzenden unterschiedlichen Baustoffen oder Bauteilen ausgehen, hier Mauerwerk und Rollladenkasten.
Eine andere Kategorie von Mauerrissen ist die, welche von Spannungen im Mauerwerk selbst ausgehen und bereits zu den Gebäuderissen überleiten. Das in einer belasteten Außenwand entstehende Druckspannungsfeld wird durch Maueröffnungen, wie z.B. Fenster gestört (Bild 37). Die dadurch im nicht belasteten Mauerwerk der Fensterbrüstung

Kraftumlenkung durch Maueröffnung

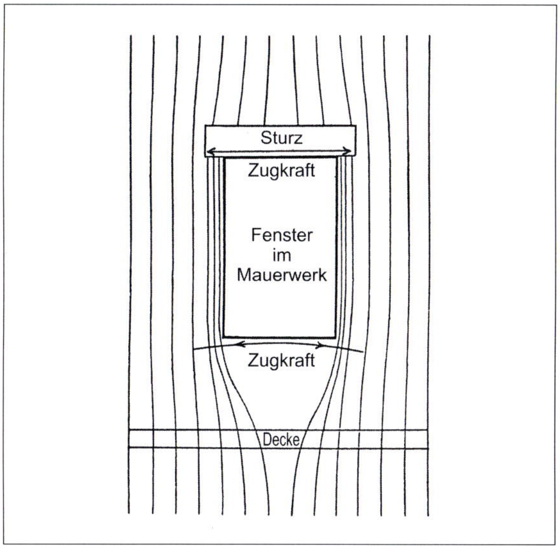

Bild 37
Drucktrajektorien in einer Mauerwerkscheibe mit Fenster. Über und unter der Fensteröffnung werden die vertikalen Lasten umgelenkt, wodurch horizontale Zugspannungen entstehen (nach Pfefferkorn).

Bild 38
Vertikalriss im Außenputz von zweischaligem Mauerwerk unterhalb eines Fensters (Foto H. Klaas).

auftretenden Vertikalrisse, wie beispielhaft in Bild 38 dargestellt, sind die Folge der durch die Mauergeometrie bedingten Zugspannungen. Solche Rissen können vorwiegend in Fällen auftreten, in denen der Putz- oder Mauerschicht eine gewisse »Beweglichkeit« zukommt, z.B. auch bei WDV-Systemen.

Rissanfällige Vormauerschale

Auch die Vormauerschale eines zweischaligen Mauerwerks, die nicht eingespannt und nicht belastet ist, ist wegen der mehr oder weniger freien Bewegungsmöglichkeit rissanfällig. Die Verbindungsanker zur Hintermauerschale sind keine ausreichende Stabilisierung der Wand; sie dienen hauptsächlich zur Aufnahme von Windsogkräften. Möglicherweise entstehende Fugenrisse sind relativ unproblematisch, wenn die Vormauerschale als Sichtmauerwerk ausgeführt ist. Die Fugenrisse sind dann kaum sichtbar und beeinträchtigen den Regenschutz praktisch nicht. Wenn die Vormauerschale jedoch außen verputzt und gestrichen wird, dann zeichnen sich die Fugenrisse im Putz optisch störend ab und können den Regenschutz deutlich beeinträchtigen. Die Einlage von Bewehrungsstählen in kritischen Mauerbereichen sind in diesem Fall zweckmäßig. Näheres hierzu in [13] und [14].

3.7 Gebäuderisse

Hierzu sind Putzrisse zu zählen, die durch Gebäuderisse infolge des Zusammentreffens verschiedener Bauteile bedingt sind. Das Besondere ist, dass diese Bauteile für sich den entsprechenden Normen und Vorschriften genügen können und erst im Zusammenwirken zum Schaden führen. Fragen der Schuld und der Kostenregulierung sind dann meist schwierig zu klären.

Horizontalrisse

Ein im Zusammenhang mit Leichtziegelmauerwerk möglicher Schaden wird in [15] beschrieben und durch Bild 39 erläutert. Horizontalrisse längs Lagerfugen des Leichtziegel-Mauerwerks sind etwa zwei Jahren nach Baufertigstellung entstanden. Als Ursache ist die Schwindverkürzung der Betondecke anzusehen, der das Mauerwerk wegen der geringen Querfestigkeit nicht mit der erforderlichen Stabilität begegnen kann. Porosierte Leichtziegel sind für hohe Wärmedämmung und Tragfähigkeit entwickelt worden und deshalb stark anisotrop, d.h. sie haben in Richtung der Hauptbelastung und quer dazu unterschiedliche Festigkeiten und Wärmeleitfähigkeiten. Hinzu kommt die exzentrische Deckenauflage und die Verwendung von Leichtmauermörtel, welche die Stabilität der Wand beeinflussen. Da es hierbei auch um die Spannweite der Decke und deren Abstützung ankommt (gegebenenfalls tragende Innenwände), ist dies nicht nur ein rein materialtechnologisches Problem, sondern auch von der Architektur und Planung abhängig.

Vertikalrisse

In Bild 39 sind außer den Horizontalrissen auch Vertikalrisse parallel zu den Hausecken zu erkennen, insbesondere auf der Giebelseite. Solche Risse sind manchmal auch bei Gebäuden aus Porenbeton festzustellen und zwar bevorzugt im Erdgeschoss (Bild 40). Da es sich in den

Bild 39
Ansicht der Süd- und Ostfassade eines Wohnhauses aus verputzten Leichtziegelwänden mit eingezeichneten Horizontal- und Vertikalrissen.

Bild 40
Vertikalrisse (nachgezeichnet) in den Eckbereichen des Erdgeschosses eines Wohngebäudes aus Porenbeton-Mauerwerk.

beiden beschriebenen Fällen um Leichtmauerwerk ohne Stoßfugen-Vermörtelung handelt, können diese Risse folgende Ursache haben: Durch die Druckbelastung der tragenden Außenwände entstehen quer zur Druckrichtung Querzugkräfte, die im äußeren Wandbereich die dargestellten Risse zur Folge haben können, ähnlich wie dies beim Würfeldruck-Versuch der Fall ist (Bild 8, links). In beiden Fällen sind die Risse im stärksten belasteten Mauerbereich entstanden (Giebelwand bzw. Erdgeschoss). Diese Schadensart ist ebenfalls der Gebäudeart bzw. Bauart zuzuordnen. Eine Bestätigung dafür, dass solche Risse bei belasteten Wänden mit Querzugkräften zusammenhängen, kann aus der Beobachtung eines Mauerrisses an einer alten, romanischen Kirche im Harz gesehen werden (Bild 41). Bei dem in Bild 42 in Detailaufnahme dargestellten Riss dürfte zusätzlich die Kerbwirkung der schmalen Lüftungsöffnung im Turm mitverursachend gewesen sein.

3.8 Zusammenfassung und Folgerungen

Zu Schäden, die allein durch die Eigenschaften des Putzes bedingt sind, gehören vor allem Schwindrisse. Diese sind im Wesentlichen durch die Putzzusammensetzung und die Art der Nachbehandlung verursacht. Solche Schäden wurden früher durch einen ca. 5 mm dicken Oberputz überdeckt und dauerhaft behoben. Heute wird ein Oberputz vorwiegend aus optischen Gesichtspunkten gewählt; er ist wesentlich dünner und kann die Funktion der Schwindrissüberdeckung nicht mehr genügend ausführen.

Bild 41
Romanische Stiftskirche in Frose (Harz).

Bild 42
Detailaufnahme des in Bild 41 markierten Turmbereichs mit einem Vertikalriss, ausgehend von der schmalen Lüftungsöffnung, der offensichtlich schon einmal repariert worden, aber wieder aufgetreten ist.

Die häufigsten Putzschäden treten im Zusammenhang mit dem Putzgrund auf. Wenn darin Risse oder offene Fugen vorhanden sind oder nach dem Putzauftrag entstehen, dann übertragen sie sich in der Regel auf den Putz, sofern dieser nicht in der Lage ist, die Risse schadlos aufzunehmen. Dazu ist aber ein Putzsystem erforderlich mit speziellen Eigenschaften, die in Abschnitt 5.2 erläutert werden.

Besonders zu beachten ist, dass Randeinflüsse oder Kerbwirkungen unterschiedlicher Art einen großen Einfluss bei der Schadensbildung haben. Im ungestörten Mittelfeld einer Putzfläche ist dagegen die Schadensanfälligkeit im Allgemeinen geringer. Putzablösungen – ob infolge von Randeinflüssen oder mangelnder Haftfestigkeit – hängen von den hygrothermischen und mechanischen Eigenschaften von Putz und Putzgrund ab.

Bisher wurden die Putzeigenschaften durch Angabe der Biegezug- und Druckfestigkeit, sowie des E-Moduls gekennzeichnet. Zusätzlich sind die Haftfestigkeit und die hygrothermischen Eigenschaften (Quellen, Schwinden Wärmedehnung) von Putz und Putzgrund zu beachten. Dabei ist eine gewisse Toleranz zwischen den Werten von Putz und Putzgrund durchaus zulässig. Das bedeutet, dass diese Verformungswerte nicht übereinstimmen müssen. Die praxisbewährten Putz- und Mauerwerksarten entsprechen diesem Gesichtspunkt und bedürfen keines weiteren Nachweises. Bei neuartigen Materialkombinationen oder in besonderen Fällen (z.B. Fällen gemäß Bild 32 oder bei Fliesenbelägen) sollte der Gesichtspunkt der Formänderungen aber berücksichtigt werden.

3.9 Überlegungen

Aus der Tatsache, dass Randbereiche von Putzbeschichtungen schadensanfälliger sind als die ungestörten Mittelbereiche, folgt, dass solchen Bereichen besondere Sorgfalt in der Ausführung zu widmen ist. Bei Fachwerkausfachungen kann dies z.B. durch einen – sonst nicht erforderlichen – Spritzbewurf oder einen Haftanstrich erfolgen.

Sind Dehnungsfugen notwendig?

Im Besonderen ist zu überlegen, welche Notwendigkeit für die Ausführung von Dehnungsfugen im Einzelfall gegeben ist, da diese – wie ausgeführt – nicht immer von Nutzen, sondern oft auch von Nachteil sein können. In DIN 18515, Ausgabe 1970 (Fassadenbekleidungen aus Naturwerkstein, Betonwerkstein und keramischen Baustoffen) wird ausgeführt, dass in solchen Bekleidungen in der Fläche horizontale und vertikale Dehnungsfugen von 3 bis 6 m Abstand (zusätzlich zu Gebäudetrennfugen) anzuordnen sind. Im Beiblatt aus dem Jahr 1973 zu dieser Norm werden zu dieser Frage noch folgende Erläuterungen gegeben:

> Die Hinweise über die Anordnung von Dehnungsfugen in der Bekleidung sind aus der Erfahrung heraus entstanden. Das Fehlen von Dehnungsfugen in großflächigen Fassadenbekleidungen kann eine der Ursachen von Lockerungen, Ausbauchungen und Abstürzen von Belagflächen sein. Der rechnerische Nachweis für den richtigen Fugenabstand ist noch nicht möglich, da für das Schubkriechen dünner Mörtelschichten kein Kriechmaß genannt werden kann. Lässt man das Schubkriechen außer Acht, so ist jede Dehnungsfuge eine Störung im Kräfteverlauf der Bekleidungsfläche. Von dort aus müssten Ablösungen beginnen und ins Feld hinein wandern. Da aber auch dünne Mörtelschichten Kriechverformungen unterliegen, werden Spannungen in den Kontaktflächen abgebaut, d.h. Verformungen können entstehen, die sich aber in Dehnungsfugen ausgleichen können. Sind keine Dehnungsfugen vorhanden, wird dies zu Abplatzungen führen. Aus diesem Grund ist es auch theoretisch begründet, in bestimmten Abständen Dehnungsfugen anzuordnen.

In der Ausgabe von 1993 der DIN 18515-1 werden Dehnungsfugen in der Bekleidung konsequent als »Feldbegrenzungsfugen« bezeichnet, die in Abständen von 3 bis 6 m horizontal und vertikal anzuordnen sind in Abhängigkeit von der Farbe der Platten und der Himmelsrichtung. Es wird somit hier besonders auf die Formänderung durch thermische Einwirkungen hingewiesen.

Letztlich ist dies ein Fall mit zu großen Abweichungen der hygrothermischen Verformungen zwischen Belag und Untergrund. Bei geringeren Abweichungen – siehe obige Ausführungen – wären derartige Überlegungen über die Fugenanordnung gar nicht notwendig, mit denen man sich andererseits Schadensrisiken einhandelt. Eher sollte man die Eigenschaften der Bekleidungsplatten entsprechend aussuchen oder über andere Bekleidungskonstruktionen nachdenken, um das Problem der Dehnungs- oder Feldbegrenzungsfugen zu umgehen. Man könnte es zum Prinzip machen, Konstruktionen, die Dehnungsfugen der beschriebenen Art erfordern, gar nicht anzuwenden.

Hygrothermische Abstimmung statt Dehnungsfugen!

Ob Vertikalrisse wie in Bild 39 und Bild 40 dargestellt durch eine dickere Lagermörtelfuge an Stelle der üblichen Klebefugen vermieden werden können (Mittelbett-Mörtelfuge?), ist zu prüfen. Andernfalls ist über eine wirksame Stoßfugen-Vermörtelung oder über andere Verbesserungen der Querzugfestigkeit des Leichtmauerwerks nachzudenken.

4 Empirische Entwicklungen

4.1 WDV-Systeme und Wärmedämmputzsysteme

Bei WDV-Systemen und Wärmedämmputzsystemen handelt es sich um empirische Entwicklungen von »Außenseitern«, d. h. von Personen bzw. Firmen ohne Kenntnisse über geltende Normen oder überkommene Meinungen. Es muss nachdenklich stimmen, dass auf diese Weise so erfolgreiche und inzwischen bewährte und anerkannte Systeme entstanden sind.

Für WDV-Systeme erfolgte am 7. Oktober 1959 eine Patentanmeldung durch Edwin Horbach, damals Anstrichtechniker bei der Firma Loba. Die Patenterteilung für Wärmedämmputze erfolgte 9 Jahre später am 16. Oktober 1968 an die Firma Rhodius, Burgbrohl. Diese Firma stellte u.a. Styroporverpackungen für spezielle Geräte her und suchte eine Verwendung für entstandene Abfälle. Beide Systeme wurden damals skeptisch betrachtet und benötigten bauaufsichtliche Zulassungen, weil sie den bestehenden Normen widersprachen.

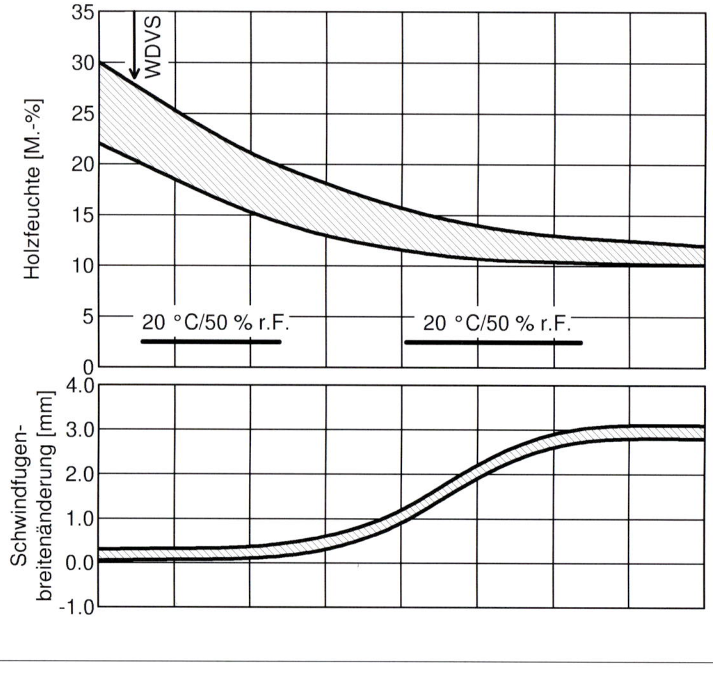

Bild 43
Zeitliche Verläufe der Holzfeuchte und Schwindfugenbildung bei einer stark beregneten Fachwerkfassade nach dem Aufbringen eines WDV-Systems mit 8 mm Mineralwolledämmung und mineralischem Putz (siehe Pfeil). Die durch das Trocknen entstandene 3 mm breite Schwindfuge zwischen Fachwerk und Ausfachung hatte keine Risse im Außenputz zur Folge.

Tatsächlich gibt es bei Wärmedämmputzsystemen keine Probleme, obwohl nach DIN 18550-3 der Oberputz eine bis zum Faktor 7.5 größere Druckfestigkeit aufweisen kann als der Dämmputz. Durch den »weichen« Unterputz wird eine gewisse Entkopplung zwischen dem Mauerwerk und dem härteren Oberputz bewirkt, weshalb Wärmedämmputzsysteme bei gerissenen Putzfassaden gleichzeitig zur Sanierung der Risse wirksam verwendet werden können. In noch größerem Maße ist dies bei WDV-Systemen der Fall, da die Dämmschichten noch weicher und damit »entkopplungsfähiger« sind als Wärmedämmputze. Aufgetretene Bedenken, dass WDV-Systeme mit mineralischen Putzsystemen eine geringere Entkopplungsfähigkeit haben könnten als Putzsysteme mit organischen Bindemitteln, die sich auf Berechnungen unter Zugrundelegung der eingangs diskutierten Kennwerte stützten (Abschnitt 1.3) treffen nicht zu. Experimentelle Untersuchungen an einem Fachwerkhaus auf dem Versuchsgelände Holzkirchen bestätigten, dass ein mineralisches Putzsystem in Verbindung mit 80 mm Mineralwolledämmung Schwindrisse im Fachwerk von 3 mm rissefrei überdecken kann, siehe Bild 43 [17], wobei dieser Wert nicht als Grenzwert zu betrachten ist. Es kommt in diesem Fall nicht auf das Putzsystem an, sondern auf die Dicke und Verformbarkeit der Dämmschicht.

Entkopplung durch Dämmputz und Dämmschicht

4.2 »Weiche« Putze, Leichtputze

Außenputze mit hydraulisch erhärtenden Bindemittelanteilen, die als Reaktion auf Dispersionsanstriche Mitte des letzten Jahrhunderts zunehmend Verwendung fanden (siehe Abschnitt 1.4), erwiesen sich für die nach der Energiekrise auf den Markt gekommenen wärmedämmenden Mauersteine oftmals als nicht geeignet. Es folgte die Forderung nach »weichen« Putzen, die den immer leichter werdenden Mauersteinen besser angepasst sind. Zugegeben, ein poröser Putz mag zu einem porösen Mauerstein, wie Porenbeton, besser passen als die früheren Putze mit Rohdichten zwischen 1600 und 1800 kg/m^3 (Bild 44). Das ist aber eine rein gefühlsmäßige Bewertung. So entstand die 1993 erschienene Leichtputznorm DIN 18550-4. Darin werden in erster Linie Angaben über die Ausführung von Leichtputzen gemacht, deren Festmörtelrohdichte zwischen 600 und 1300 kg/m^3 liegen soll. In Richtlinien für das Verputzen von wärmdämmendem Mauerwerk werden generell weiche Putze vorgeschlagen mit Druckfestigkeiten unter 5 N/mm^2 oder möglichst darunter. Es wird aber verkannt, dass Leichtmauerwerk andererseits weniger stabil ist als das frühere Vollsteinmauerwerk und dass weiche Putze eine geringere Fähigkeit zur Ver-

»Weiche« Putze allein keine Lösung

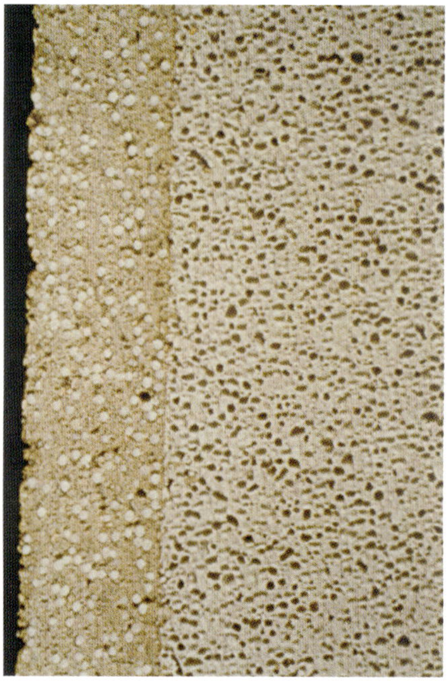

Bild 44
Schnitt durch Porenbeton mit aufgebrachtem Leichtputz. Die Strukturähnlichkeit zwischen dem Putzgrund Porenbeton und dem Putz ist optisch erkennbar.

meidung von Putzrissen bei vom Mauerwerk verursachten Formänderungen haben. Die Zugfestigkeit, die für eine Rissvermeidung maßgebend ist, ist – wie auch die Druckfestigkeit – bei weichen Putzen kleiner als bei härteren Putzen, wie durch Bild 4 erläutert worden ist.

Die verbreitete Meinung, durch weiche Putze allein das Putzproblem für wärmedämmende Wandbildner lösen zu können, wird durch die im Folgenden beschriebenen Untersuchungsergebnisse in der Freilandversuchsstelle Holzkirchen widerlegt. Bei einem in den 1980er-Jahren auf den Markt gekommenen WDV-System mit Mineralwolle und aufkaschierten mineralischen Platten von 12 mm Dicke als härterer äußerer Abschluss war auf dem darauf folgenden Armierungsputz ein weicher mineralischer Putz PIc gefordert worden. An dem solider erscheinenden und konventionell verputzen Dämmsystem sind aber in der Praxis trotz der Armierung nicht selten Putzrisse längs der Plattenfugen aufgetreten. Im Rahmen von Untersuchungen über Ursache und Behebung der Schäden wurden von dem System verschiedene Varianten auf der Westseite eines Versuchshauses in der Versuchsstelle Holzkirchen aufgebracht. Um mögliche hygrothermische Bewegungen der Mineralplatten zu vermeiden, wurden die Fugen der Platten z.T. aufgeweitet und in einem eigenen Arbeitsgang verspachtelt. Ein Prüffeld wurde mit einem bewusst harten Putz versehen, nämlich mit einem Sockelputz PIII mit einer Druckfestigkeit von 18,0 N/mm^2 und einem E-Modul von 14.700 N/mm². Der verwendete PIc-Putz hatte hingegen eine Druckfestigkeit von 4,8 N/mm² und einen E-Modul von 4.300 N/mm². Nach mehrjähriger natürlicher Bewitterung stellte sich heraus, dass nur das Prüffeld mit dem harten Putz rissfrei geblieben ist, bei allen anderen Prüffeldern zeigten sich Risse längs der Plattenstöße, wie in Bild 45 angegeben. Ein weicher Putz allein ist somit ganz offensichtlich kein Garant für Rissefreiheit auf dämmendem Putzgrund.

Natürlich ist ein harter Putz mit großem E-Modul keine Lösung für größere Putzflächen. Die Unterschiede in den hygrothermischen Eigenschaften von wärmedämmendem Putzgrund und Putz können zu Problemen führen (siehe Bild 32). Ein weicher Putz passt zwar zum Leichtmauerwerk, hat aber allein nicht die Festigkeit, um Mauerrisse zu verhindern.

2,20 m – über 2 Platten ohne Gewebe

2,00 m – stark vorgenässt

Feld 3		Feld 1	
Putz:	weich (PIc)	Putz:	weich (PIc)
Fuge:	4–6 mm ausgefräst in eigenem Arbeitsgang verspachtelt	Fuge:	2–3 mm stumpf gestoßen in eigenem Arbeitsgang verspachtelt
Sonderausführung		Ausführung:	nach Werksanweisung
Feld 2		**Feld 4**	
Putz:	weich (PIc)	Putz:	hart (PIII)
Fuge:	2–3 mm stumpf gestoßen nicht verspachtelt	Fuge:	2–3 mm stumpf gestoßen in eigenem Arbeitsgang verspachtelt
Ausführung:	»schlampig«	Ausführung:	nach Werksanweisung

Bild 45
Testwand mit verschiedenen Varianten des überprüften WDV-Systems.
Oben:
Foto der Prüfwand mit nachgezogenen Putzrissen nach vierjähriger Bewitterung.
Unten:
Erläuterung der verschiedenen Ausführungsvarianten. Rissfrei blieb lediglich Feld 4 mit hartem Putz.
Die Zusatzvarianten »ohne Gewebe« und »stark befeuchtet« ließen keine signifikante Auswirkung erkennen.

4.3 Zusammenfassung und Folgerungen

Die Erfolge in der Anwendung der Wärmedämmputzsysteme und WDV-Systeme in der Praxis zeigen, dass durch »Probieren«, d.h. durch reine Empirie, sehr wohl gute Ergebnisse zu erzielen sind. Zweifellos ist aber eine zielgerichtete, systematische Entwicklung vorzuziehen, wozu aber im vorliegenden Fall die Voraussetzungen bisher nicht vorhanden waren. Das Festhalten an überkommenen Handwerksregeln und fehlende Forschungsmittel für ein nicht der »Hightech« zugehöriges Fachgebiet sind die Ursachen.

4.4 Überlegungen

Aus den Untersuchungen über die Ursachen von Putzrissen auf WDV-Systemen und auf Leichtmauerwerk habe ich die Erkenntnis gewonnen, dass in solchen Fällen Prüfungen an unbelasteten Versuchswänden von kleinen Abmessungen nicht zu repräsentativen Ergebnissen führen. Da in diesen Fällen Wandöffnungen (Fenster), die Belastung und Einspannverhältnisse (z.B. Verbindungen über Eck) mit eine Rolle spielen, sind solche Untersuchungen an Versuchsbauten oder Häusern im Freilandversuch oder in der Praxis durchzuführen. Insofern ist die Berücksichtigung einer Fensteröffnung bei der EOTA-Prüfwand zweckmäßig, wenngleich dies die einzig richtige Maßnahme bei einer ansonsten ungeeigneten Prüfmodalität ist [16].

5 Neue Messmethoden zur Putzbewertung

5.1 Eigenschaften von Leichtmauerwerk

Für die oft vorgebrachte Forderung, den Außenputz auf die Eigenschaften des Mauerwerks »abzustimmen« gab es bisher keine Beurteilungsmöglichkeit oder gar zahlenmäßige Anforderungen. Letztlich liegt das daran, dass auch die Eigenschaften des Mauerwerks nicht quantifiziert werden können. Betrachtet man aber die in der Praxis vorkommenden Putzschäden im Zusammenhang mit heute verwendetem, wärmedämmendem Mauerwerk, so ist das wesentliche Merkmal, dass dieses Mauerwerk nicht mehr die Stabilität hat wie das früher übliche Mauerwerk aus kleinformatigen Steinen. Unter »Stabilität« ist in diesem Fall nicht die Tragfähigkeit zu verstehen, sondern der Widerstand gegenüber seitlichen Querkräften, die auf das Mauerwerk einwirken. Ursachen dafür sind die Anisotropie der Mauersteine (Bild 46), die Verwendung von Leichtmauermörtel oder Dünnbettmörtel (Bild 47) und die Nicht-Vermörtelung der Stoßfugen (Bild 24). Dies alles sind Maßnahmen, die zur Verbesserung der Wärmedämmung vorgenommen worden sind und die sich auf die Stabilität nachteilig auswirken. Bei

Leichtmauerwerk weniger »stabil«

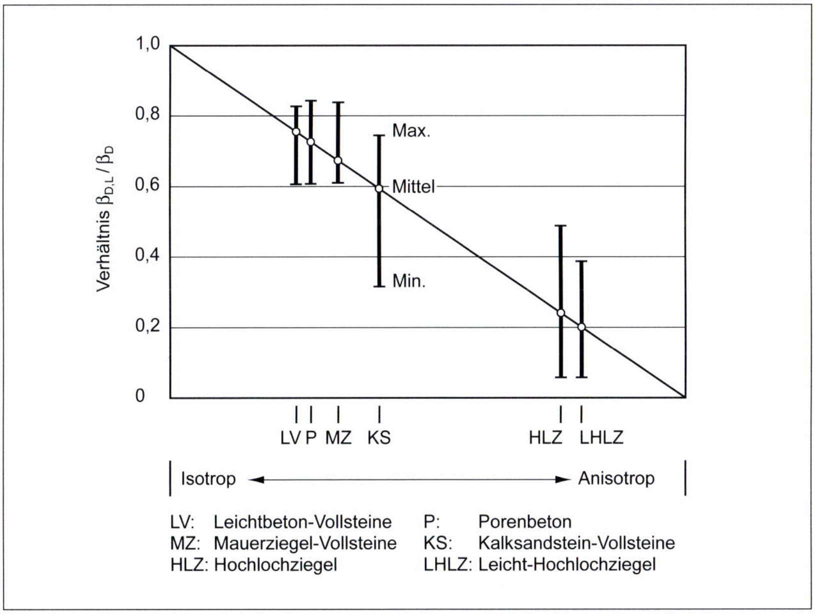

Bild 46
Mittelwerte und Extremwerte (Max., Min.) des Verhältnisses der Druckfestigkeit in Steinlänge D,L zur Normaldruckfestigkeit D verschiedener Mauersteinarten, angeordnet nach abnehmenden Mittelwerten nach [18]. Die Anisotropie ist bei porosierten Lochsteinen deutlich größer als bei Vollsteinen.

schwindfähigen Mauersteinen ist noch das Trocknungsschwinden als Ursache für Formänderungen zu berücksichtigen.

Die durch diese Maßnahmen bzw. Eigenschaften bedingte »Beweglichkeit« des Mauerwerks verlangt einen Putz, der geringe Formänderungen aufnehmen kann ohne Weiterführung an die äußere Putzoberfläche. Auf Grund der guten Erfahrungen mit Wärmedämmputzsystemen und WDV-Systemen liegt es nahe, ein Putzsystem mit einem verformbaren Grundputz und einem zugfesten Deckputz zu wählen. Dies ist die logische Kom-

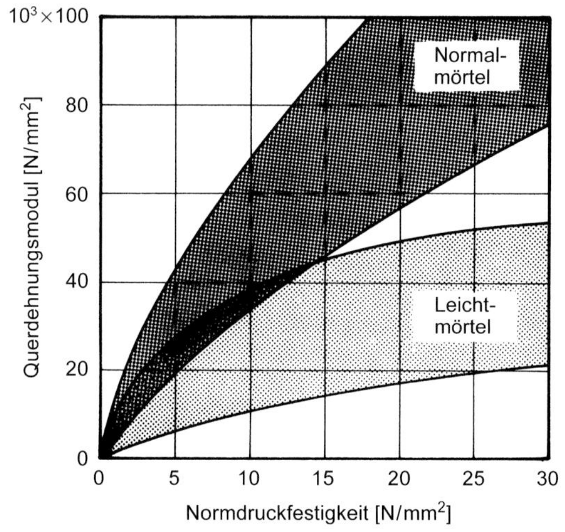

Bild 47
Querdehnungsmodul von Normalmörtel und Leichtmörtel in Abhängigkeit von der Normdruckfestigkeit des Mörtels, ermittelt an Mörtelprismen nach DIN 18555 (Wertebereiche nach [18]). Ein kleiner Querdehnungsmodul des Lagerfugenmörtels hat größere Querzugspannungen im Stein zur Folge mit größeren Verformungstendenzen in Querrichtung und möglicher Bruchgefahr

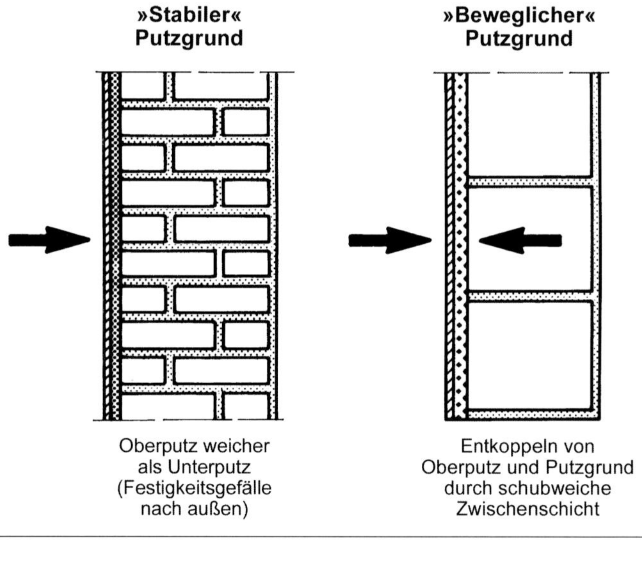

Bild 48
Zuordnung von Putzgrund und Putzsystem. Bei »stabilem« Putzgrund gilt die Putzregel »weich auf hart«. Hier sind nur die Klimaeinwirkungen von außen zu berücksichtigen (Pfeil). Bei »beweglichem« Putzgrund gilt die Putzregel »Entkoppeln«, um Einwirkungen von außen und vom Putzgrund her zu begegnen (Pfeile).

bination der beiden grundsätzlichen Überlegungen für einen Außenputz für »beweglichen« Putzgrund, nämlich entweder leicht verformbar wie eine Gummihaut, die alle Formänderungen ermöglicht, oder starr und hart, um die Formänderungen zu verhindern. Weder das Eine noch das Andere allein ist praktikabel, aber die sinnvolle Kombination beider Eigenschaften in einem Putzsystem ist die Lösung für das Verputzen von wärmedämmendem Leichtmauerwerk. In Bild 48 sind die Unterschiede zwischen »stabilem« Vollsteinmauerwerk alter Art und dem heutigen »beweglichen« Leichtmauerwerk in einem Schema gegenübergestellt.

Entkopplung durch Leichtputzsysteme

5.2 Prüfmethode Scherzug

Anlass für Putzrisse bei Leichtmauerwerk ist das Entstehen eines Mauerrisses, wie in den vorangegangenen Abschnitten dargelegt. Um die Reaktion von Putzsystemen der beschriebenen Art auf das »Aufweiten« eines Risses im Putzgrund messtechnisch erfassen zu können, wurde die in Bild 49 skizzierte Prüfanordnung entwickelt und verwendet. Durch Einspannen der Prüfanordnung in eine Zugapparatur kann eine Kraft/Dehnungs-Kurve aufgenommen werden, aus der folgende Kennwerte zu entnehmen sind:

Entkopplungsmaß EK:	Maximale Fugenaufweitung in µm bis zum Bruch des Deckputzes.
Bruchkraft:	Kraft in N, bei welcher der Bruch erfolgt.

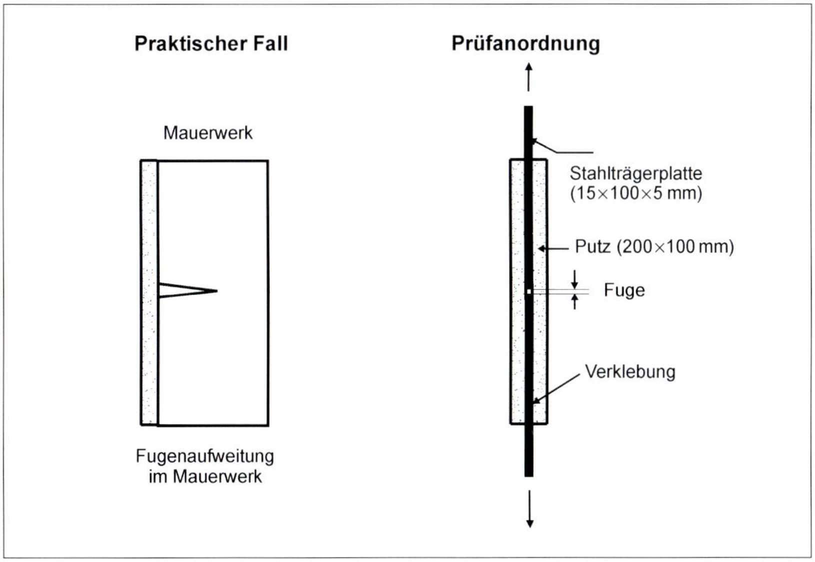

Bild 49
Schemadarstellung der Rissursache in der Praxis infolge Fugenaufweitung im Mauerwerk und der Prüfanordnung »Scherzug« zur Ermittlung des Entkopplungsmaßes. Aus Symmetriegründen werden gleiche Putzproben beidseitig auf den Stahlträgerplatten aufgeklebt.

Entkopplungsmaß zur Beurteilung der Rissüberbrückung

Das Entkopplungsmaß ist kennzeichnend für die Rissüberbrückungsfähigkeit des Putzsystems. Es ist als Analogwert zu betrachten und quantitativ nicht mit dem Verhalten des Putzsystems auf einer Wand gleichzusetzen, da der ermittelte Messwert durch die Abmessungen des Prüfkörpers beeinflusst wird. Das Entkopplungsmaß ist vielmehr als Vergleichswert zur Beurteilung verschiedener Putzsysteme zu bewerten: Je größer der Zahlenwert, desto besser ist die Fähigkeit der Rissüberbrückung.

Schemadarstellung der Messanordnung zur Bestimmung der Bohrhärte [19].

Die Weiterentwicklung dieses Messprinzips führte zu einem mit Hand ansetzbaren Gerät mit Aufzeichnung der Eindringtiefe des Bohrers [20].

Registrierung einer Bohrhärte-Messung.
Der Winkel α ist bei Vorgabe von Anpressdruck, Umdrehungszahl und Registriergeschwindigkeit ein Maß für die Bohrhärte.

Bild 50
Darstellung des Bohrgeräts und Auswerteschema zur Bestimmung der Bohrhärte.

5.3 Prüfmethode Bohrhärte

Der erfahrene Praktiker prüft die Härte eines Putzes durch Kratzen mit einem Schlüssel oder einem anderen harten Gegenstand. Diese Methode kann objektiviert werden, indem man mithilfe eines Steinbohrers bei konstantem Andruck an den Putz die Eindringtiefe in Abhängigkeit von der Umdrehungszahl oder der Zeit ermittelt (bei Konstanz der Umdrehungen). Durch die Darstellungen in Bild 50 wird diese Messmethode beschrieben. Sie wurde bereits Anfang der 1960er-Jahre entwickelt [19] und mit Erfolg angewandt, um den Erhärtungsverlauf von Kalkputzen unter Dispersionsanstrichen zu prüfen. Dreißig Jahre später wurde mit der Bohrmethode die Erhärtung von reinen Kalkputzen im Vergleich zu Kalkputzen mit hydraulisch erhärtenden Zusätzen im Freilandversuch ermittelt [21], eine Fragestellung, die im Zusammenhang mit dem Verputzen historischer Gebäude interessiert. Im Bereich der Denkmalpflege kann durch Ermittlung von Tiefenprofilen der Bohrhärte die Bildung von Schalen oder Lockerzonen im Gestein festgestellt werden. Bereits früher wurde auch bestätigt, dass es einen gesetzmäßigen Zusammenhang zwischen der Druckfestigkeit und der Bohrhärte gibt [22]. In [12] ist ein solcher Zusammenhang wiedergegeben.

Härteprofile

Zusammenhang Druckfestigkeit/Bohrhärte

Da es bei den beschriebenen Putzsystemen zur Rissüberbrückung auf eine abgestimmte Härte des Grundputzes und des Deckputzes ankommt, ist eine Messung dieser beiden Werte ebenfalls über die Bohrhärte zweckmäßig. Der Vorteil dieser Messung ist, dass sie in gleicher Weise an Prüfkörpern im Labor wie am Putz an einer Wand vorgenommen werden kann.

5.4 Untersuchungsergebnisse

Der Zusammenhang zwischen Zugkraft und Fugenaufweitung bei Messungen nach der Scherzug-Methode ist für drei typische Putzsysteme in Bild 51 wiedergegeben. Das Entkopplungsmaß, d.h. die Fugenaufweitung bis zum Bruch, nimmt in der Reihenfolge Baustellenputz – Werkmörtelputz – Leichtputz bei abnehmenden Zugkräften zu, also insgesamt »weicheren« Systemen. Daraus wird gleichzeitig der Vorteil eines Leichtputzes gegenüber einem »normalen« Werkmörtelputz und schließlich einem Baustellenputz deutlich. Dass es bei der Entkopplung wesentlich auf den Deckputz ankommt, geht aus Bild 52 hervor. Der 40 mm dicke Dämmputz allein hat ein kleineres Entkopplungsmaß als das System mit Dämmputz und 5 mm Deckputz und diesem ist das

Bild 51
Zusammenhang zwischen Zugkraft und Fugenaufweitung bis zum Bruch bei drei Putzsystemen mit Baustellenputz (1), Werkmörtelputz (2) und Leichtputz (3).
Alle Systeme bestehen aus einem 15 mm dicken Grundputz und einem 5 mm dicken Deckputz. Putze 1 und 2 sind nach gleichem Mischungsverhältnis und mit gleichen Zuschlagstoffen hergestellt, der Werkmörtelputz beinhaltet jedoch die üblichen Zusätze zur Verbesserung der Verarbeitbarkeit und der Putzeigenschaften.
Die Putze 2 und 3 haben den gleichen Deckputz, aber unterschiedliche Grundputze (2: Normalputz PII, 3: Leichtputz).

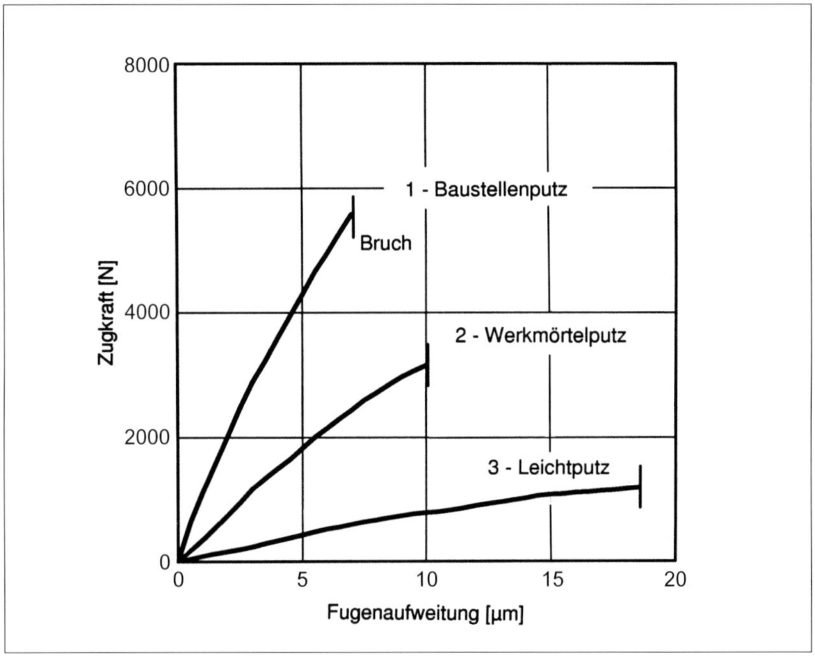

Bild 52
Zusammenhang zwischen Zugkraft und Fugenaufweitung bis zum Bruch bei folgenden Putzen bzw. Systemen:

UP:
40 mm EPS-Dämmputz allein

UP+5 mm OP:
40 mm EPS-Dämmputz + 5 mm Oberputz

UP+10 mm OP:
40 mm EPS-Dämmputz + 10 mm Oberputz

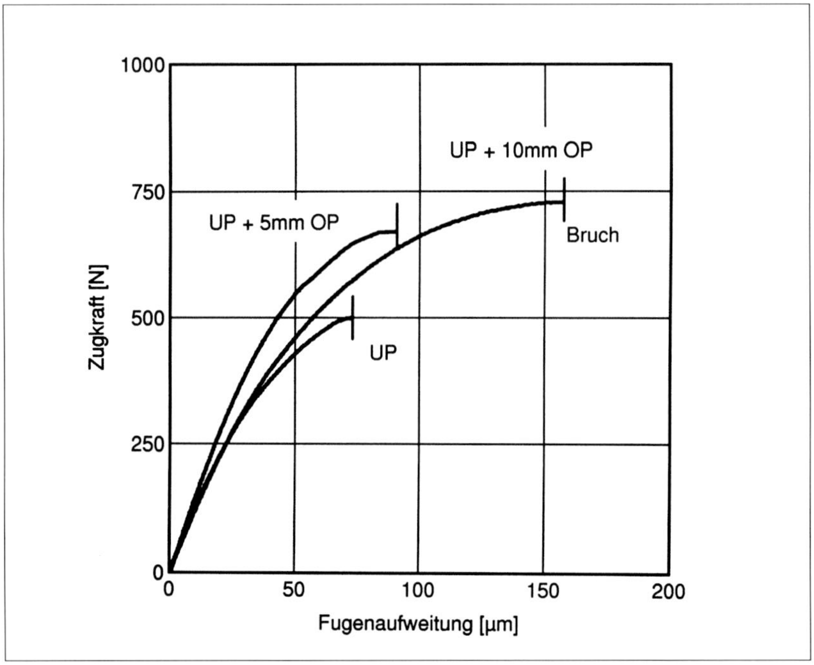

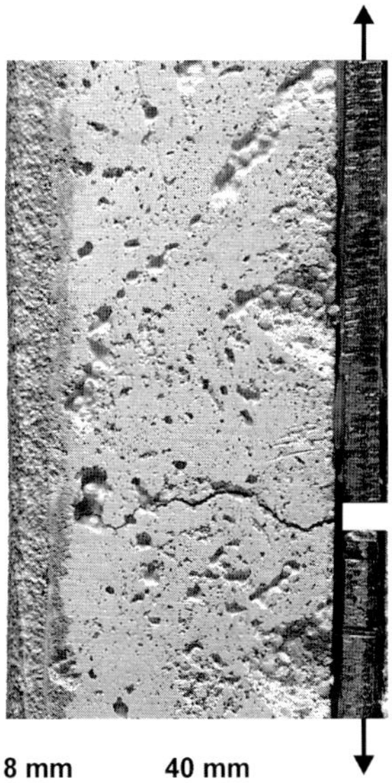

Bild 53
Foto eines Scherzug-Prüfkörpers von der Seite aus aufgenommen, bestehend aus 40 mm EPS-Dämmputz und 8 mm Oberputz (nur eine der beiden gleichartigen Putzproben). Die Rissbreite nimmt zum Oberputz hin ab.

System mit einem 10 mm dicken Deckputz überlegen. Wie bei einer Fugenaufweitung im Putzgrund ein Bruch im Dämmputz gewissermaßen »ausläuft« und durch den Deckputz »gestoppt« wird, zeigt Bild 53.

Zusammenhänge zwischen dem Entkopplungsmaß und der Härte der beiden Putzlagen gehen aus den Darstellungen in Bild 54 und Bild 55 hervor. Aus Bild 54 ist erkennbar, dass das Entkopplungsmaß mit zunehmender Härte des Grundputzes abnimmt. Deutlich wird auch, dass bei gleicher Bohrhärte des Grundputzes das Entkopplungsmaß umso größer ist, je härter der Deckputz ist. Der mit Kreis angegebene Messwert 65 stammt von dem Leichtputzsystem in dem die in Bild 39 erkennbaren Risse aufgetreten sind: das Entkopplungsmaß ist klein und der Grundputz ist etwas härter als der Deckputz. Dies entspricht zwar der alten Putzregel, bestätigt aber, dass diese für Leichtziegelmauerwerk nicht zutreffend ist. Bild 55 enthält noch weitere Messwerte der beschriebenen Art, ergänzt durch Putzsysteme mit EPS-Dämmputzen als Grundputze. Letztere kamen nicht primär zur Erhöhung der Dämmung, sondern zur Verbesserung der Entkopplung zur Anwendung und – wie erkennbar – mit Erfolg.

Für die Entkopplungsfunktion ist es wichtig, dass der Oberputz einheitlich dick und wenig strukturiert ist, um in der Fläche gleichmäßige Werte der Zugfestigkeit aufzuweisen. Denn bei Zugbelastung entsteht

Bild 54
Entkopplungsmaße von handelsüblichen Leichtputzsystemen in Abhängigkeit von der Bohrhärte des Grundputzes (15 mm) mit Angabe der Bohrhärte des jeweiligen Deckputzes (5 mm). Letztere liegen im Härtebereich von etwa 40° bis 80° zwischen den eingezeichneten Geraden, während die Grundputze mehrheitlich im Härtebereich zwischen 20° und 40° liegen, also weicher sind.
Der Messpunkt des Leichtputzes mit Putzrissen (Bild 39) ist als Kreis (65) ebenfalls eingezeichnet. Dieser Leichtputz ist deutlich härter und hat damit ein kleineres Entkopplungsmaß als die übrigen Leichtputzsysteme.

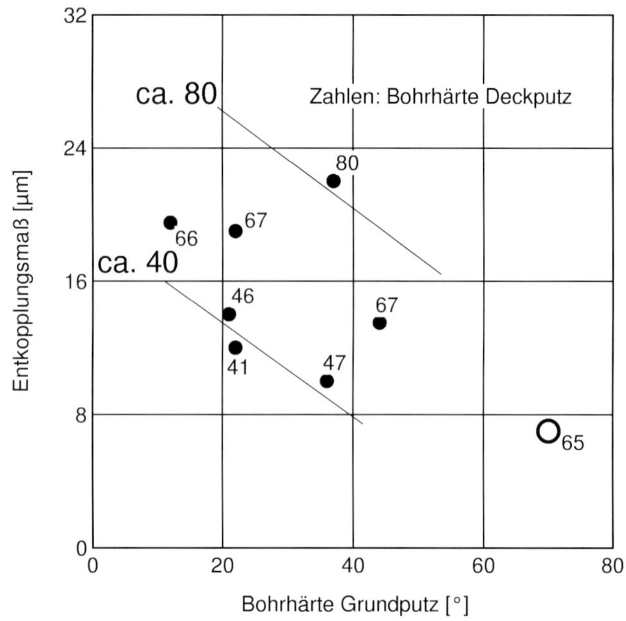

Bild 55
Entkopplungsmaße von handelsüblichen Leichtputzsystemen und einigen Dämmputzsystemen (jeweils 15 mm Grundputz und 5 mm Deckputz) in Abhängigkeit von der Bohrhärte des Grundputzes und bei den Dämmputzsystemen mit Angabe der Bohrhärte der Deckputze.

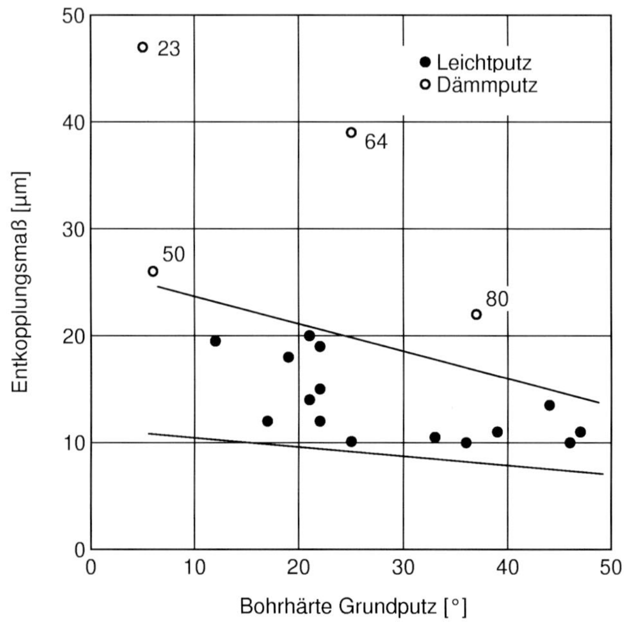

Bild 56
Riss im strukturierten Deckputz einer Putzprobe nach dem Scherzugversuch. Der Riss verläuft in dem grobkörnigen Putz längs der tiefsten Stellen.

Deckputz statt Oberputz

ein Riss an den schwächsten Stellen und dies sind die Vertiefungen und »Täler« im strukturierten Putz (Bild 56). Um diese wichtige Funktion herauszuheben, wird der Begriff »Deckputz« bevorzugt, der mehr den erforderlichen Abschluss nach außen zum Ausdruck bringt als der nur die Lage beschreibende Begriff »Oberputz«. Wenn eine Putzstruktur mit starker Profilierung gewünscht wird, dann muss hierfür eine zusätzliche Putzschicht aufgetragen werden. Diese darf aber keine nennenswerten Kräfte in das Putzsystem einbringen, d.h. in diesem Fall gilt für den Strukturputz die Regel »weich auf hart«.

Die Bedeutung der Wahl des Deckputzes für die Entkopplungsfähigkeit des Putzsystems geht – ergänzend zu den Darstellungen in den Bildern 54 und 55 – aus den Messwerten in Tabelle 2 eindeutig hervor. Dort sind von 15 mm Leichtputz und 40 mm EPS-Dämmputz als Grund-

	Deckputz	Bruchkraft K [N]	Entkopplungsmaß EK [µm]
15 mm Leichtputz	ohne	325	10
	5 mm P Ic	425	11
	5 mm P IIb Struktur (Bild 56)	450	14
	5 mm PIIb glatt	570	21
40 mm EPS-Dämmputz	ohne	250	75
	4 mm Spachtelputz	335	90
	8 mm Scheibputz	365	155

Tabelle 2
Bruchkraft und Entkopplungsmaß von Putzsystemen ohne und mit verschiedenen Deckputzen. Grundputze: 15 mm Leichtputz bzw. 40 mm Dämmputz

putze die Entkopplungsmaße ohne und mit verschiedenen Deckputzen aufgetragen. In beiden Fällen kann das Entkopplungsmaß durch einen geeigneten Deckputz gegenüber dem Null-Fall (ohne Deckputz) verdoppelt werden. Ein »weicher« Deckputz – wie ein bisher bevorzugter PIc-Putz – bringt so gut wie keine Verbesserung.

Einfluss der Prüfbedingungen

Schließlich interessiert hinsichtlich der beschriebenen Scherzugversuche der Einfluss verschiedener Prüfrandbedingungen. Das Ergebnis von orientierenden Untersuchungen ist in Tabelle 3 und Tabelle 4 wiedergegeben. Es zeigt sich, dass der wichtige Messwert »Entkopplungsmaß« von den geprüften Varianten nur wenig abhängig ist.

Tabelle 3
Einfluss der Fugenbreite bei der Herstellung der Prüfkörper für den Scherzugversuch auf die Bruchkraft und das Entkopplungsmaß.

Fugenbreite [mm]	Bruchkraft K [N]	Entkopplungsmaß EK [µm]
2 (normal)	570	21
0	810	18
5	800	19
10	910	20

Tabelle 4
Einfluss der Zuggeschwindigkeit bei Scherzugversuchen auf Bruchkraft und Entkopplungsmaß.

Geschwindigkeit [µm/min]	Bruchkraft K [N]	Entkopplungsmaß EK [µm]
100	570	21
50	820	21
200	795	19

5.5 Zusammenfassung und Folgerungen

Die Ergebnisse belegen, dass die beschriebene Messmodalität »Scherzug« geeignet ist, die Fähigkeit eines Putzsystems zur Rissüberbrückung bzw. zur Entkopplung vom Putzgrund quantitativ zu erfassen. Diese Fähigkeit hängt von den Festigkeitseigenschaften des Grundputzes und des Deckputzes ab. Der Grundputz soll möglichst schubweich und der Deckputz zugfest sein. Diese Eigenschaften werden am besten über die Bohrhärte ermittelt, eine Messmethode, die sowohl an Laborproben als auch an ausgeführten Putzsystemen in gleicher Weise möglich ist und bei der insbesondere die Herstellungs- und Umgebungseinflüsse auf die Putzeigenschaften praxisgerecht erfasst werden können. Bei den geprüften Putzsystemen ist der Deckputz im Allgemeinen um den Faktor 2 bis 3 härter als der Grundputz. Dies sind kleinere Unterschiede als bei Wärmedämmputzsystemen nach DIN 18550-3. Nach den guten Erfahrungen mit diesen sind somit auch bei Leichtputzsystemen keine Nachteile oder gar Schäden auf Grund der Festigkeitsunterschiede zu erwarten.

An den Deckputz eines Leichtputzsystems sind andere Anforderungen zu stellen als an den bisherigen Oberputz, der mehr der Kosmetik diente und in Schichtdicken von Korngröße aufgebracht wird, wodurch Schichtdicken von 0 bis 2 mm oder 0 bis 3 mm entstehen, die keine Zugkräfte aufnehmen können. Der Deckputz für ein Leichtputzsystem der beschriebenen Art soll mindestens 5 mm dick sein und gleichmäßig – ohne starke Strukturierung – aufgebracht werden. Er kann gegebenenfalls durch ein Armierungsgewebe verstärkt werden. Ein solches Leichtputzsystem ist aufwändiger und sicher teuerer als bisher übliche Leichtputze, die nicht als »System« zu bezeichnen sind. Dafür sind sie weniger schadensanfällig. Auf das heutige hochwertige Leichtmauerwerk gehört schließlich auch ein hochwertiger Außenputz. Mithilfe des Entkopplungsmaßes kann die Putzqualität auf die »Beweglichkeit« des Putzgrundes abgestimmt werden, wobei hierfür noch weitere Erfahrungen gesammelt werden müssen. Vielleicht wäre es hilfreich, das Verhältnis von Querdruckfestigkeit zu Normaldruckfestigkeit der Mauersteine gemäß Bild 46 als Hinweis für die Rissanfälligkeit einzuführen.

Auf Leichtmauerwerk gehört ein Leichtputzsystem

5.6 Erfahrungen

Die dargestellten Überlegungen zum Putzaufbau für Leichtmauerwerk wurden im Merkblatt »Außenputz auf Ziegelmauerwerk« [23] nicht berücksichtigt. Man vertritt dort noch den konventionellen Putzaufbau nach DIN 18550-4 bei Abkehr vom Baustellenmörtel. Damit ist im Prinzip die in Bild 51 erläuterte Verbesserung erreicht, aber keine Optimierung gemäß Bild 54. Nicht richtig erscheint aus meiner Sicht der Hinweis für eine Putzbewehrung in der oberen Hälfte des Unterputzes; eine solche Bewehrung muss in den Deckputz eingebracht werden. Die vielen Hinweise für die erforderlichen Standzeiten des Mörtels erscheinen mir korrekturbedürftig. Hierfür fehlen wohl experimentelle Bestätigungen. Der Begriff der »Weißtrocknung«, bei dem die klimatischen Bedingungen berücksichtigt werden, erscheint mir zweckmäßiger als reine Zeitanforderungen.

Merkblatt »Außenputz auf Ziegelmauerwerk«

Armierung in den Deckputz!

Der in Bild 45 geschilderte Schaden hätte sich wohl vermeiden lassen, wenn auf die harten Mineralplatten nicht eine Armierung mit weichem Putz aufgebracht worden wäre, sondern ein Entkopplungsputz, d.h. ein weicher Grundputz mit hartem Deckputz. Auch in ähnlich gelagerten Fällen ist dies die richtige Lösung.

Die an Prismen gemessene Biegezug- und Druckfestigkeit sind derzeit die eingeführten Kennwerte zur Beurteilung der Mörtelfestigkeit, wenngleich sie – wie dargelegt – keine weitergehenden Schlüsse auf die Putzeigenschaften zulassen. Außer der Gewöhnung gibt es keine sachlichen Gründe, diese Bewertungsmodalität beizubehalten. Als zweckmäßige Festigkeitskenngröße bietet sich die Bohrhärte an. Insbesondere wenn die beschriebenen Leichtputzsysteme zur Anwendung kommen, können nur über die Bohrhärte die Festigkeitswerte von Grund- und Deckputz ermittelt werden, sei es zur Kontrolle oder in Schadensfällen. Über Messungen der Druckfestigkeit ist dies an dünnen Putzschichten nicht möglich. Auch Untersuchungen im Forschungsbereich über die Zeitabhängigkeit der Erhärtung von Putzen unter verschiedenen Randbedingungen sind nur über die Bohrhärte mit vertretbarem Aufwand möglich. Ein überzeugendes Beispiel dafür liefert Bild 57 (näheres hierzu in [21]).

Bohrhärtemessung für Labor und Praxis geeignet

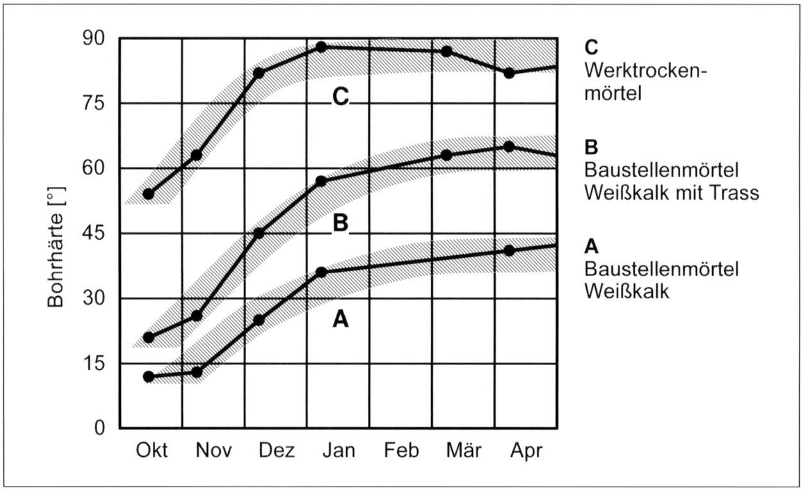

Bild 57
Erhärtung von Kalkputzen nach dem Aufbringen auf Mauerwerk bei folgenden Putzarten:

A
Baustellenputz mit Weißkalkhydrat

B
Baustellenputz mit Weißkalkhydrat und Trasszusatz

C
Werkmörtelputz mit Weißkalkhydrat, 5 % Zement und bei Werkmörteln üblichen Zusätzen zur Verbesserung der Verarbeitung

Die Bohrmethode wurde bisher im Wesentlichen durch Eigenforschung des Instituts entwickelt. Sollte diese Methode standardisiert werden, dann wären weitere Untersuchungen erforderlich: Die Art des Steinbohrers sollte optimiert werden, Umrechnungsfaktoren für verschiedene Andruckwerte und Bohrerdurchmesser sind zu ermitteln usw. Die Sicherheit der Messwerterfassung nach dieser Methode steht gegenüber der bisherigen Methode der Druckfestigkeit wohl kaum zurück; insbesondere bei weichen Putzen waren ziemliche Fehlermöglichkeiten bei der Herstellung und Handhabung der Proben gegeben.

6 Sanierputzsysteme

6.1 Entwicklung und Funktion

Seit rund einem Vierteljahrhundert werden Sanierputze und Sanierputzsysteme mit Erfolg angewandt. Mehr und mehr wurde erkannt, dass sie nicht eine »begleitende Maßnahme«, sondern die Hauptmaßnahme bei der Behandlung feuchten Mauerwerks sind [24]. Diese Entwicklung geht mit der Erkenntnis einher, dass in der Mehrheit der Fälle nicht aufsteigende Feuchte, sondern Mauersalze die eigentliche Ursache von Feuchteschäden bei alten Gebäuden sind [25]. Die Entwicklung dieser Putzsysteme war wiederum nur dadurch möglich, dass sich Werkmörtel gegenüber auf der Baustelle gemischte Mörtel durchgesetzt haben.

Mauersalze meist Ursache erhöhter Feuchte

Die Idee bei der Entwicklung der Sanierputze war, den Feuchtetransport vom Mauerwerk nach außen durch Kapillarleitung (mit möglichem Salztransport) zu reduzieren und den Transport durch Dampfdiffusion zu fördern. Dies führt zu einem porenreichen, leicht hydrophobierten Putz. Wenn der Putz in zwei Lagen als System aufgebracht wird, soll der Grundputz weniger hydrophob sein als der darauf folgende eigentliche Sanierputz. Die dann kapillar mit Wasser in den Grundputz eingebrachten Salze finden einen großen Porenraum zum Auskristallisieren vor und sollen – bei richtig abgestimmten Putzlagen – nicht in den Oberputz gelangen. Die unter diesem Gesichtspunkt erprobten Anforderungen an die beiden Putzlagen sind im WTA-Merkblatt 2-2-91 »Sanierputzsysteme« festgelegt. Näheres über die Entwicklung und Anwendung von Sanierputzsystemen ist in [26] nachzulesen.

WTA-Merkblatt Sanierputzsysteme

Wie Salze vorwiegend in die Grundmauern von Gebäuden gekommen sind, wird in [27] erläutert. Da sie mehr oder weniger hygroskopisch sind, bewirken sie einen von der relativen Feuchte abhängigen, erhöhten Feuchtegehalt im Mauerwerk, abhängig von der Art und Menge der vorhandenen Salze. Die Diffusionsrichtung wird dabei nicht allein von der Mauerfeuchte und der Außenluftfeuchte bestimmt, sondern wird durch den über den Salzlösungen sich einstellenden Dampfdruck beeinflusst. Dies kann zur Folge haben, dass trotz formalem Diffusionsgefälle nach außen keine Trocknung stattfindet. Man kann dann von einer »Trocknungsblockade« sprechen [28] oder von einer Erhöhung des Diffusionswiderstands des Putzes.

Im Fraunhofer-Institut für Bauphysik wurden hierzu Untersuchungen durchgeführt, über die in [29] berichtet worden ist und deren wesentliche Ergebnisse im Folgenden dargestellt werden.

6.2 Durchführung und Ergebnisse der Untersuchungen

Ziel der Untersuchungen war es, die Eigenschaftsänderungen von Sanierputzen im Vergleich zu üblichen Putzen bei längerfristiger Salzeinwirkung zu erfassen. Dazu war es notwendig, zum Vergleich auch entsprechende Untersuchungen bei Einwirkung von salzfreiem Wasser durchzuführen, da sich – wie in Abschnitt 2.2.1 ausgeführt – die Eigenschaften der Putze dadurch ändern können. Von den zu prüfenden Putzen wurden kreisrunde Scheiben von 20 cm Durchmesser und 2 cm Dicke hergestellt, die – in »Diffusionstöpfe« eingebaut (Bild 58) – rückseitig langfristig entweder mit destilliertem Wasser oder mit einer Salzlösung in Kontakt waren (auf 1 Liter Wasser 35 g NaCl, 5 g Na_2SO_4 und 45 g $NaNO_3$).

Modifizierte Diffusionsmessungen

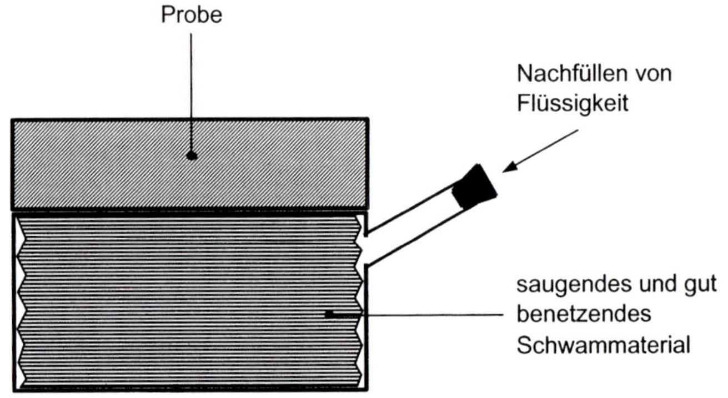

Bild 58
Schemadarstellung der Versuchsanordnung zur Prüfung des Feuchtedurchgangs durch Putzproben bei rückseitigem Kontakt mit Wasser bzw. Salzlösung (modifizierter Diffusionsversuch). Der benetzte Schwamm hat Kontakt mit der Probenunterseite und soll feuchtes Mauerwerk simulieren. Wasser oder Salzlösung kann nach Bedarf nachgefüllt werden.

Die Untersuchungen wurden an fünf handelsüblichen Sanierputzen bzw. Grund- oder Salzspeicherputzen vorgenommen und zwar an drei Sanierputzen-WTA, bezeichnet mit A, B, C, an einem Grundputz-WTA, bezeichnet mit D und an einem Salzspeicherputz (Kompressenputz, Opferputz, E). Zum Vergleich wurden zwei übliche Putze geprüft, ein Kalkputz (K) und ein Kalkzementputz (Z) jeweils aus Baustellenmörteln ohne irgendwelche Zusätze.

Die nach DIN 52 615 im Trocken- und Feuchtbereich an den Putzproben 28 Tage nach der Herstellung und nach langfristigem Kontakt mit Wasser ermittelten Werte der Wasserdampfdurchlässigkeit sind in Bild 59 dargestellt. Man erkennt daraus, dass die Werte im Trocken- und Feuchtbereich nach der Putzherstellung nur wenig verschieden waren. Nach einem 30-wöchigen Wasserkontakt haben sich aber Änderungen ergeben. Insbesondere die Baustellenputze K und Z weisen deutlich

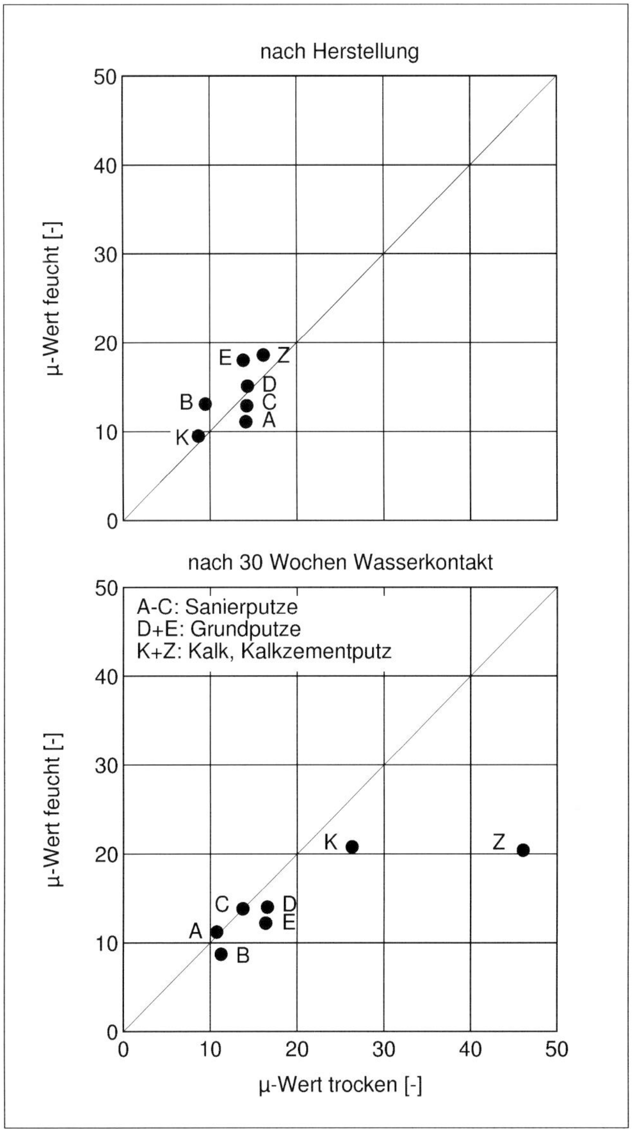

Bild 59
Zusammenhang zwischen der Wasserdampf-Diffusionswiderstandszahl µ, gemessen im Trockenbereich und im Feuchtbereich:

oben: 28 Tage nach der Herstellung der Putze,

unten: nach 30 Wochen Wasserkontakt.

höhere Diffusionswiderstände auf. Diese beiden Putze haben mit über 1800 kg/m^3 eine große Rohdichte, während bei den Putzen aus Werkmörteln die Rohdichten im Mittel bei 1000 kg/m^3 liegen. Offensichtlich können bei porösen Putzen die mit der Erhärtung einhergehenden Gefügeausbildungen rascher erfolgen.

Bei der Durchführung der »modifizierten« Diffusionsversuche mit der Versuchsanordnung gemäß Bild 58 ergaben sich unterschiedliche Feuchtedurchgänge, je nachdem, ob die Proben rückseitig mit Wasser

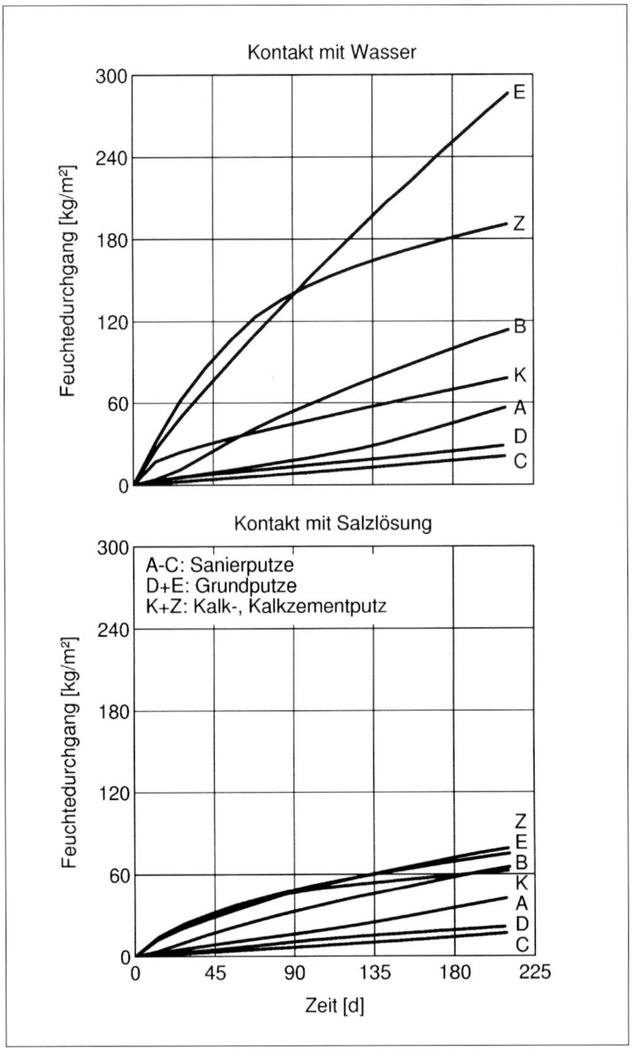

Bild 60
Feuchtedurchgang durch die geprüften Putze bei rückseitigem Kontakt mit Wasser bzw. Salzlösung im Klima 23°C / 50 % innerhalb 30 Wochen in Abhängigkeit von der Zeit.

oder mit der Salzlösung in Kontakt waren (Bild 60). Insbesondere bei den Putzen mit größerer Saugfähigkeit macht sich der Effekt der Dampfdruckerniedrigung über der Salzlösung durch geringere Verdunstung (= Feuchtedurchgang) bemerkbar. Beim Kalkzementputz Z ist aus der Kurvenkrümmung die Änderung des Feuchtetransports durch Änderung der Mörtelstruktur im Laufe des Kontakts mit Wasser erkennbar.

Im Verlauf dieser Untersuchungen ergaben sich unterschiedliche Salzausblühungen an den Probenoberseiten, wie in Bild 61 an zwei Beispielen gezeigt wird. Angaben über Beginn und Ausmaß der Ausblü-

Bild 61
Ansicht von Putzproben bei Einbau in die Versuchsanordnung Bild 58 nach 9-wöchigem Kontakt mit Salzlösung:
links: Sanierputz C,
rechts: Kalkzementputz Z.

hungen und über die w-Werte der Putze sind in Tabelle 5 aufgeführt. Am stärksten waren die Ausblühungen bei dem saugfähigen und porenreichen Salzspeicherputz (Grundputz E) sowie beim Sumpfkalkputz und Kalkzementputz. Die stärkeren Ausblühungen an den Rändern der Proben A und B dürften auf eine andere Porenstruktur im Randbereich zurückzuführen sein, ein Effekt, auf den bereits in Abschnitt 2.2.1 hingewiesen worden ist. Der am stärksten hydrophobierte Sanierputz C zeigte keine Ausblühungen.

Salzausblühung und Salzeinlagerung

Nach Abschluss der Untersuchungen (nach 30 Wochen) wurden gravimetrisch die ausgeblühten (an der Oberfläche abgeschabten) und die in den Proben eingelagerten Salzmengen (Gewichtszunahme) erfasst, welche als Summe die gesamte »Salzbeladung« der Proben ergeben. Die Ergebnisse sind zusammen mit dem insgesamt festgestellten Feuchtedurchgang in Bild 62 grafisch dargestellt. Je größer der kapillar bedingte Feuchtedurchgang durch die Proben ist, desto größer ist die Salzeinlagerung und die Gesamtbeladung. Bei den stärker hydrophoben Sanierputzen C und D sind nur geringe Salzeinlagerungen aufgetreten.

Tabelle 5
Angaben über den Beginn und das Ausmaß von Salzausblühungen an den Putzoberflächen bei rückseitigem Salzwasserkontakt der Proben.

Putz	w-Wert / w_{24}-Wert [$kg/m^2\sqrt{h}$]	Beginn der Salzausblühung
Sanierputz A	2,6 / 0,41	nach 8 Tagen (am Rand)
Sanierputz B	0,6 / 0,18	nach 7 Tagen (am Rand)
Sanierputz C	0,5 / 0,12	keine Ausblühungen
Grundputz D	1,6 / 0,52	nach 51 Tagen (stellenweise)
Grundputz E	2,7 / –	nach 4 Tagen (gesamte Oberfläche)
Sumpfkalkputz K	13,9 / –	nach 6 Tagen (gesamte Oberfläche)
Kalkzementputz Z	13,6 / –	nach 6 Tagen (gesamte Oberfläche)

Bild 62
Von den Putzproben bei rückseitigem Kontakt mit Salzlösung im Untersuchungszeitraum von 30 Wochen aufgenommene Salzmengen (Salzeinlagerung) und Gesamtbeladung in Abhängigkeit vom Feuchtedurchgang durch die Proben im Klima 23 °C / 50 %. Die Differenz der beiden Messpunkte einer Putzart entspricht der Masse der Salzausblühungen.

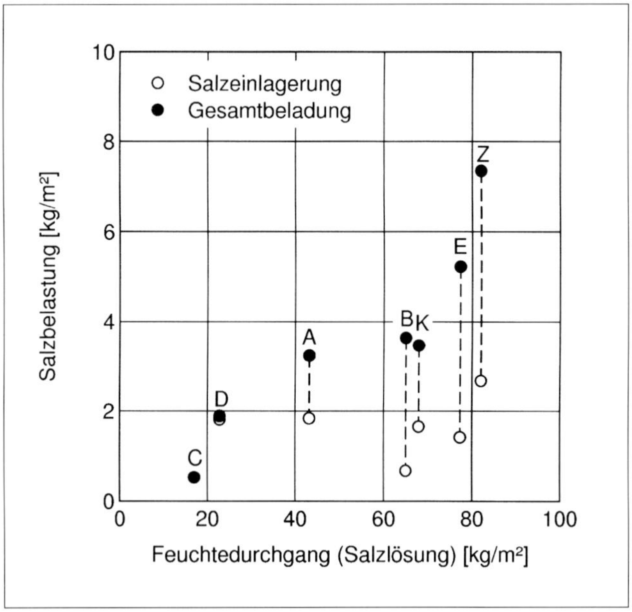

Bild 63
Zusammenhang zwischen der Wasserdampf-Diffusionswiderstandszahl μ, gemessen im Trockenbereich und im Feuchtbereich nach 30 Wochen Kontakt mit Salzlösung.

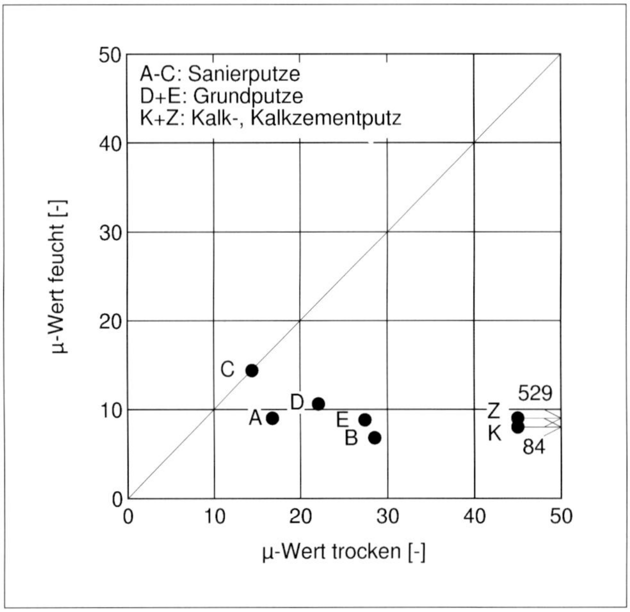

Die Ergebnisse von Diffusionsmessungen im Trockenbereich und im Feuchtbereich nach 30 Wochen Kontakt mit der Salzlösung sind in Bild 63 dargestellt. Verglichen mit den Ergebnisse bei Kontakt mit Wasser in Bild 59, unten, erkennt man den Einfluss der eingelagerten Salze auf den Diffusionstransport: Im Trockenbereich nimmt der Diffusionswiderstand der gering oder nicht hydrophoben Putze stark zu; hierin ist die so genannte Trockungsblockade zu erkennen. Im Feuchtbereich nimmt bei eben diesen Putzen der Diffusionswiderstand hingegen ab. Dies sind aber gewissermaßen fiktive Diffusionswerte, da sie in starkem Maße durch die Hygroskopizität und einen dadurch bedingten zusätzlichen Kapillartransport beeinflusst werden. Dieses Versuchsergebnis verdeutlicht die komplexen Vorgänge des Feuchtetransports bei salzhaltigen Baustoffen und demonstriert gleichzeitig die Funktionsweise der Sanierputze. Bei diesen – insbesondere bei den Putzen A und C – werden die Eigenschaften des Feuchtetransports nur geringfügig beeinflusst.

Komplexe Vorgänge des Feuchtetransports

6.3 Zusammenfassung und Folgerungen

In den Poren von Putzen eingelagerte Salzkristalle reduzieren den Diffusionstransport, abhängig vom Salzgehalt der Putze. Dies ist bei trockenen Umgebungsbedingungen (z.B. bei besonnten Wänden) der Fall. Bei hoher Luftfeuchte, wenn die Salze in Lösung vorhanden sind, erhöht dies den Kapillartransport wegen der durch Wasserdampf-Sorption erhöhten Putzfeuchte. Da die mittlere relative Außenluftfeuchte in unserem Klima zwischen 70 und 80% beträgt, führen diese gegenläufigen Effekte bei salzhaltigem Mauerwerk langfristig zu einer erhöhten Mauerfeuchte. Dies wird durch die Erfahrungen aus der Praxis bestätigt, wobei durch Salze im Bereich der Fundamentmauern verursachte erhöhte Mauerfeuchte oft fälschlich als »aufsteigende Feuchte« bewertet wird. Dies trifft insbesondere für übliche Putze zu, bei denen infolge der stärkeren Salzeinlagerung im Laufe der Zeit die Trocknungsblockade zur Wirkung kommt.

Die positive Wirkung von Sanierputzen liegt darin, dass sowohl die Minderung der Dampfdiffusion als auch die Erhöhung des Kapillartransports mit nachteiligen Salzausblühungen vermieden bzw. stark reduziert wird. Dadurch entsteht keine Trocknungsblockade. Die Ergebnisse dieser Untersuchungen bestätigen, dass die festgelegten WTA-Anforderungen an Sanierputze hinsichtlich Porenvolumen, Wasseraufnahme und Dampfdurchlässigkeit gut gewählt sind.

6.4 Überlegungen

Mehr Sicherheit durch Putzsysteme

Aus den Ausführungen in den Abschnitten 4 bis 6 ist folgende Schlussfolgerung zu ziehen: Spezielle physikalische Funktionen können nur durch Putzsysteme mit mindestens zwei Putzlagen erfüllt werden, die aufeinander und gegebenenfalls auf den Putzgrund abgestimmt sind. Diese Erfahrung wurde zunächst im Zusammenhang mit Wärmedämmputzsystemen gemacht und gilt in gleicher Weise für Leichtputzsysteme und Sanierputzsysteme. In Tabelle 6 sind die genannten Putzsysteme mit den erforderlichen Putzlagen zusammengestellt. Wenn in der Praxis oft nur eine Putzlage statt der genannten Systeme zur Anwendung kommt – z.B. ein Leichtputz mit dünnem Oberputz anstelle eines Deckputzes oder nur ein Sanierputz ohne Grundputz – dann kann dies in unkritischen Fällen ausreichen. Eine größere Sicherheit zur Schadensvermeidung ist aber nur bei Anwendung der Systeme zu erzielen.

Tabelle 6
Putzsysteme mit speziellen physikalischen Funktionen, bestehend aus jeweils zwei Putzlagen.

Putzsysteme mit speziellen Funktionen	
Leichtputzsysteme Leichtgrundputz nach DIN 18550-4: Deckputz P II nach DIN 18550-2: Gesamtdicke	 Dicke 15 mm Rohdichte 600 – 1000 kg/m³ Dicke ≥ 5 mm ≥ 20 mm
Wärmedämmputzsysteme nach DIN 18550-3 Wärmedämmender Unterputz Oberputz ggf. mit Gewebearmierung	 Dicke 20 – 60 mm Dicke 8 – 15 mm
Sanierputzsysteme nach WTA-Merkblatt 2-2-91 Porengrundputz Sanierputz	 Dicke 10 – 40 mm Dicke 15 – 20 mm

Denkmalschutz und Fortschritt

Diese Systeme bedeuten Fortschritte in der Putztechnologie, die früheren Generationen nicht zur Verfügung standen. Deshalb ist deren Anwendung bei der Sanierung von denkmalgeschützten Gebäuden oft schwer durchzusetzen mit der Begründung, dass bei historischen Gebäuden nur historische Baustoffe und Technologien berücksichtigt werden sollen. Diese Einstellung hätte aber jede Entwicklung in der Vergangenheit blockiert und wird absurd, wenn man sie auf den Menschen überträgt. Dann müsste nämlich ein alter Mensch medizinisch nach den Methoden um die Zeit seiner Geburt behandelt werden und dürfte die Möglichkeiten der modernen Medizin nicht in Anspruch nehmen!

7 Einige Fragen im Zusammenhang mit WDV-Systemen

WDV-Systeme haben sich in der Praxis bewährt und kommen häufig zur Anwendung [30]. Sie wurden ursprünglich nur mit dünnen, armierten Kunstharzputzen ausgeführt. Zur Putzarmierung wurden zunächst Kunstfasergewebe verwendet; heute sind allgemein Glasfasergewebe üblich. Auch kommen neben Dünnputzen dickere Putze mit mineralischen Bindemitteln zur Anwendung. Diese Entwicklung erfolgte – wie vieles in der Putztechnologie – auf empirischem Wege. Zu manchen Detailfragen wurden – wie bereits erwähnt – in der Freilandversuchsstelle Holzkirchen Untersuchungen durchgeführt. So z.B. über Anforderungen an Putzsysteme in Abhängigkeit von den Eigenschaften des Dämmstoffes. Um Kenntnisse über die Funktion des Armierungsgewebes zu gewinnen, dienten einige orientierende Untersuchungen. Des Weiteren wurden Testversuche zur Frage der Windsogkräfte vorgenommen. Über die Ergebnisse wird im Folgenden berichtet.

7.1 Anforderungen an den Außenputz

7.1.1 Regenschutz

Die für WDV-Systeme hauptsächlich verwendeten Dämmstoffe sind nicht kapillar saugfähig. Deshalb haben Risse im Außenputz im Allgemeinen keine Erhöhung der Dämmstofffeuchte zur Folge. Nach Messungen an WDV-Systemen mit Polystyrol-Hartschaum und Mineralwolle als Dämmung war im Bereich von Putzrissen und an intakten Stellen kein Feuchteunterschied feststellbar (Bild 64). Wenn trotzdem für WDV-Systeme gemäß Zulassung wasserabweisende Putze gefordert werden, dann erfolgt dies hauptsächlich zum Schutz des Putzes selbst.

Hydrophobierung gegen Frostschäden

Da dem Putz auf den genannten Dämmstoffen bei Beregnung rückseitig keine Feuchtigkeit abgesaugt wird, wie dies auf saugfähigem Mauerwerk der Fall ist, nehmen Putze auf WDV-Systemen höhere Feuchtegehalte an, wie aus den in Bild 65 dargestellten Messergebnissen hervorgeht. Putze können daher auf WDV-Systemen eher Frostschädigungen erfahren als auf üblichem Mauerwerk. Aus diesem Grund und da in der Praxis das Putzsystem für WDV-Systeme auch auf saugfähige Putzgründe aufgebracht werden kann, ist generell die Verwendung von wasserabweisenden Außenputzen zweckmäßig.

Dämmschicht bleibt trocken

Bild 64
Gegenüberstellung der Dämmstofffeuchte bei nach Westen orientierten Versuchswänden an rissfreien und gerissenen Stellen im Außenputz nach mehrjähriger Bewitterung (Dämmstoffe: Polystyrol- und Polyurethan-Hartschaum, hydrophobierte Mineralwolleplatten). Die Unterschiede in den Feuchtegehalten sind im wesentlichen auf Sorptionseffekte zurückzuführen entsprechend der relativen Luftfeuchte bei der Probenentnahme.

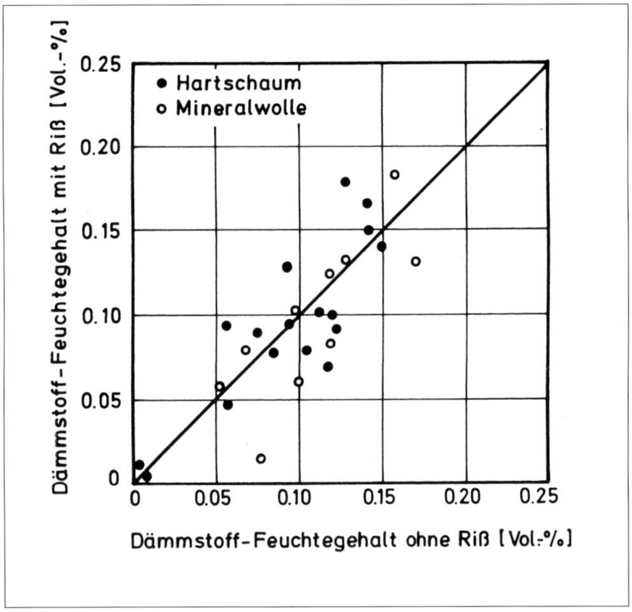

Bild 65
Feuchtegehalte der gleichen mineralischen Putze auf Dämmplatten (WDV-Systeme) und auf Ziegelmauerwerk bei natürlicher Bewitterung, gemessen einen Tag nach intensiver Beregnung. Auf den nicht saugfähigen Dämmplatten stellen sich deutlich höhere Feuchtegehalte ein als auf dem saugfähigen Ziegel.

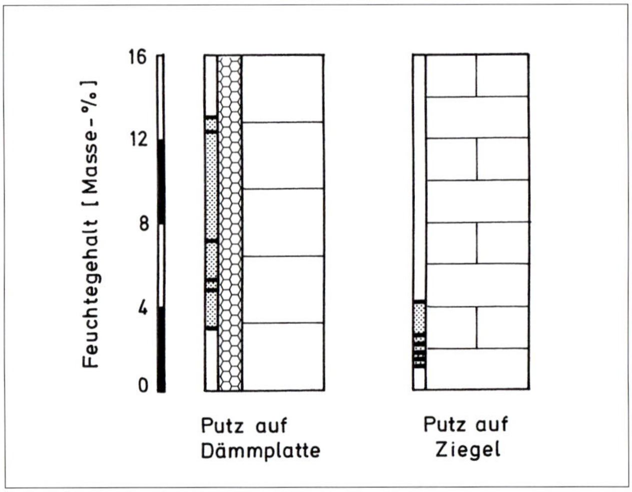

7.1.2 Dampfdurchlässigkeit

Der Diffusionstransport von Mauerfeuchte von innen nach außen wird bei WDV-Systemen mit Mineralwolle durch die Dämmschicht nicht nennenswert behindert im Gegensatz zu den Verhältnissen bei Hartschaumplatten. Dies ist bei Neubauten mit erhöhter Baufeuchte oder bei nachträglich gedämmten, regenfeuchten Wänden zu berücksichtigen. Der Außenputz wird in solchen Fällen nicht nur durch die Regenbeanspruchung von außen, sondern auch durch Diffusion von innen belastet. Beide Ursachen können zu einem »Feuchtestau« im Putz führen, wie in Bild 66 schematisch dargestellt ist und was zu einer Schädigung des Putzes führen kann.

Feuchtestau im Putz

Untersuchungen hierzu wurden an nach Westen orientierten Versuchswänden in Holzkirchen durchgeführt. Dabei wurden Porenbetonwände mit WDV-Systemen mit Styropor-Hartschaumplatten bzw. mit Mineralwolleplatten gedämmt und jeweils zur Hälfte mit einem mineralischen Putzsystem und einem System mit Kunstharzoberputz versehen. Porenbeton wurde als Mauerwerk gewählt, weil hier eine hohe Anfangsfeuchte gegeben ist und der Diffusionstransport wegen des kleinen μ-Werts des Materials relativ groß ist. Die dabei im Verlauf von zwei Jahren entstandenen Schäden werden durch Bild 67 dokumentiert: Lediglich bei der Styropordämmung sind keine Putzschäden aufgetreten, während sich der Kunstharzputz bei Mineralwolledämmung großflächig gelöst hat. Beim mineralischen Putz ist demgegenüber ein deutlich geringerer Schaden entstanden. Zugegeben, die Randbedingungen bei den Untersuchungen waren extrem. Hierzu haben auch die Versprödungsrisse im Kunstharzputz beigetragen (Bild 68), welche eine verstärkte Regenbelastung zur Folge hatten. Aber als Konsequenz ist zu fordern, bei Mineralwolledämmung möglichst diffusionsoffene Putze anzuwenden, damit ein Feuchtestau im Putz durch Dampfdiffusion von innen vermieden wird.

Extreme Randbedingung

Dass diese Forderung berechtigt ist, wird durch folgenden Schadensfall belegt [31]. Bei einer neu errichteten Wohnanlage mit Außendämmung

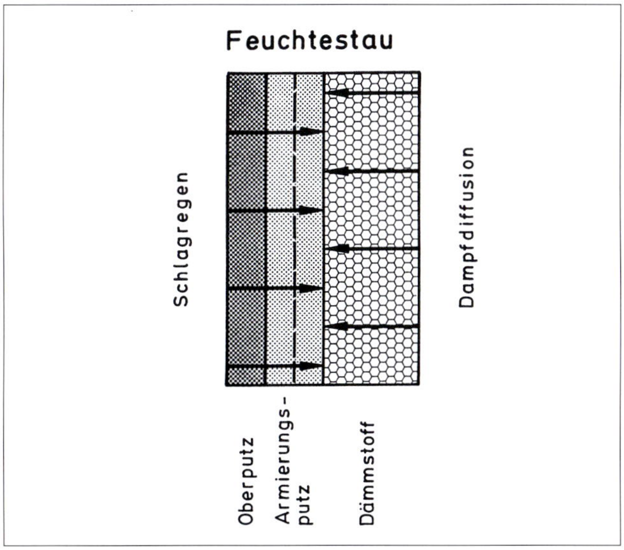

Bild 66
Schemadarstellung des »Feuchtestaus« bei WDV-Systemen, der sich sowohl bei Beregnung wegen der fehlenden Wasserabsaugung durch den Dämmstoff als auch infolge Diffusion von innen bei dampfdurchlässigen Dämmstoffen im Armierungsputz einstellt.

Bild 67
Teilansicht der nach Westen orientierten Versuchswände aus Porenbeton-Wandplatten mit unterschiedlichen WDV-Systemen hinsichtlich Dämmstoffen und Außenputzen. Nach zweijähriger Bewitterung stellten sich unterschiedliche Schadensbilder entsprechend der Dampfdurchlässigkeit des Dämmstoffes und der Dichtheit des Putzes ein.

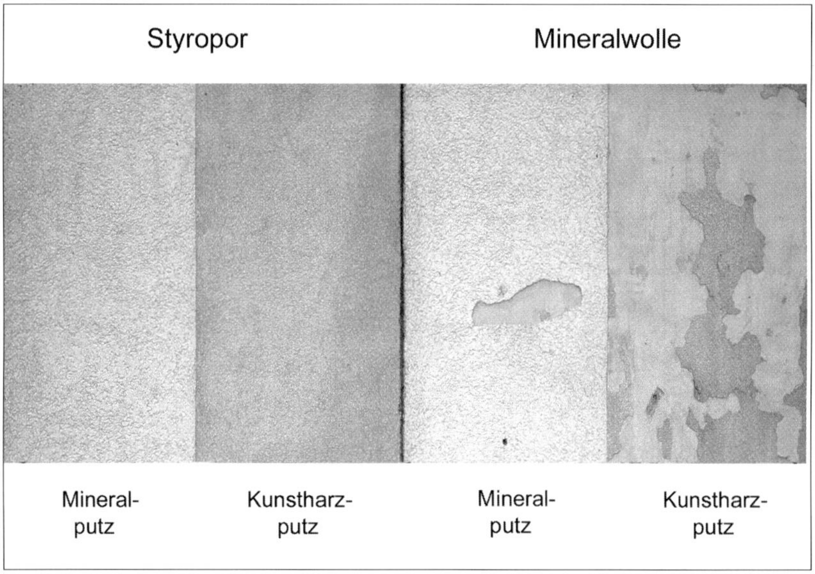

Bild 68
Detailaufnahme aus Bild 67 (Kunstharzputz auf Mineralwolle), die erkennen lässt, dass die Putzablösung zwischen Armierungsputz und Kunstharzputz aufgetreten ist.

durch ein WDV-System zeigte sich im Bereich der Fensterstürze nach kurzer Zeit ein Algenbewuchs, der sich deutlich dunkler gegenüber der übrigen Fassade abzeichnete. Eine Überprüfung ergab, dass über den Fenstern aus Brandschutzgründen ein Dämmstreifen aus Mineralwolle angeordnet war. Infolge des geringen Diffusionswiderstands der Mineralwolle hat die aus den tragenden Kalksandsteinwänden ausdiffundierende Baufeuchte zu einem stetig erhöhten Feuchtegehalt im Kunstharzputz geführt, der die Algenbildung verursachte. An der übrigen Fassade war dies wegen des höheren Diffusionswiderstands der Styroporplatten im Allgemeinen nicht der Fall. Lediglich an einzelnen Stellen trat ein punktuelles Algenwachstum auf. Solche Stellen erwiesen sich als Kreuzstöße der Dämmplatten mit 2–3 mm breiten Plattenfugen, an denen ebenfalls ein verstärkter Diffusionsdurchgang möglich war.

Feuchtestau und Algenwuchs

Diese Beispiele zeigen, dass die Dampfdurchlässigkeit der verwendeten Dämmschichten für den zeitlichen Trocknungsverlauf des Mauerwerks maßgebend ist. Bei Hartschaumdämmung erfolgt die Abgabe der Baufeuchte hauptsächlich nach innen, während bei Mineralwolledämmung auch eine Trocknung nach außen möglich ist. Wie sich dies auf den Trocknungsverlauf einer 24 cm dicken Kalksandsteinwand mit einem Anfangsfeuchtegehalt von 10 Vol.-% in Abhängigkeit vom WDV-System und raumseitigem Gipsputz bzw. Fliesenbekleidung nach Untersuchungen in [32] auswirkt, zeigt Bild 69. Nimmt man als Maß für den trockenen Zustand der Wand einen Wassergehalt von 2,5 Vol.-% an (Ausgleichsfeuchte bei 80% r.F.), dann dauert die Austrocknung der innen verputzten Wand mit Mineralwolledämmung etwas über ein Jahr und mit EPS-Dämmung zweieinhalb Jahre. Die unterschiedlichen Trocknungsverläufe haben aber praktisch keine Auswirkung auf die Dämmfunktion der Gesamtkonstruktion, da diese überwiegend durch die Dämmschicht bewirkt wird, die in beiden Fällen unabhängig vom Feuchtegehalt des Mauerwerks trocken bleibt. Wichtig dabei ist aber, dass die ausdiffundierende Feuchtigkeit keine schädlichen Feuchteanreicherungen im Außenputz zur Folge hat. Dies erfordert insbesondere bei Mineralwolle als Dämmung diffusionsoffene Putze, abgestimmt auf die gegebene Gesamtkonstruktion.

Bautrocknung bei WDV-Systemen

Auf Mineralwolle nur Mineralputze

Zu den in Abschnitt 3.9 ausgeführten Überlegungen über das »Zusammenpassen« aneinandergrenzender Schichten in hygrothermischer Hinsicht kommt somit noch das hier dargestellte Problem des Transports und der möglichen Anreicherung von Feuchte als Schädigungspotential. Relativ dichte Außenbeschichtungen sind auf WDV-Systemen zu vermeiden. Selbst wenn z.B. Fliesenbekleidungen für WDV-Systeme zugelassen sind, dann sollte man in Einzelfällen doch das Schadensrisiko abwägen. Wenn man im Eingangsbereich eine harte

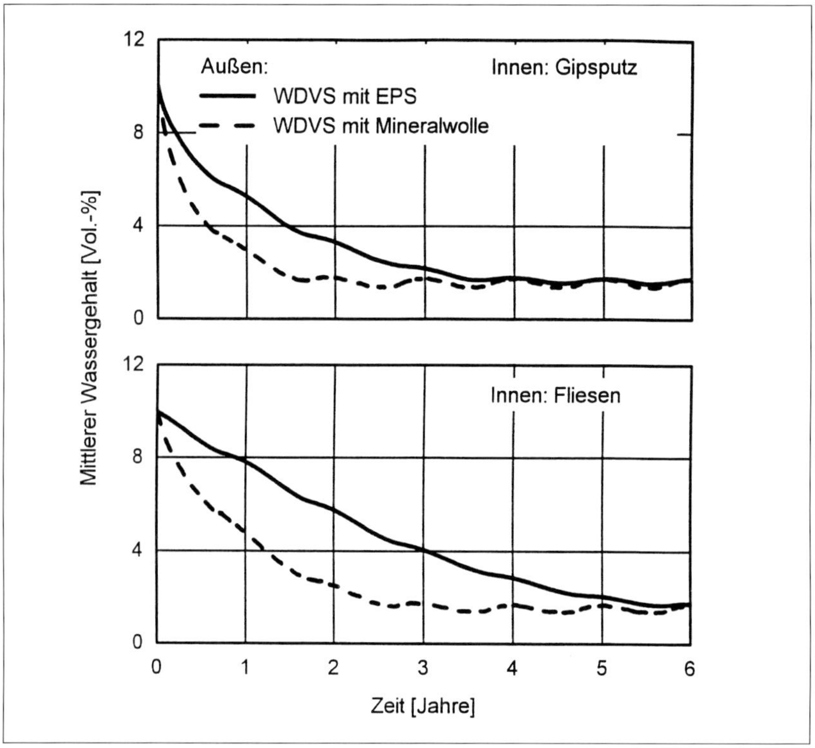

Bild 69
Berechnete Verläufe des über den Querschnitt gemittelten Wassergehalts in 24 cm dickem Kalksandsteinmauerwerk bei unterschiedlichen WDV-Systemen (EPS-Platten, Mineralwolle) und unterschiedlichen raumseitigen Ausführungen (Gipsputz, Fliesen).

Bild 70
Detailaufnahme einer infolge Frosteinwirkung abgelösten Fliesenbekleidung auf WDV-System. Deutlich zu erkennen ist, dass in den Fugenbereichen der Klebemörtel stärker geschädigt ist. Dies deutet darauf hin, dass eingedrungene Regenfeuchte die Ursache des Frostschadens war.

Oberflächenbeschichtung haben will, um mögliche Beschädigungen zu vermeiden, dann ist dagegen meist nichts einzuwenden. Bei exponierten Fassadenflächen auf der Wetterseite kann dies jedoch riskant sein. Selbst bei sorgfältiger handwerklicher Arbeit ist es möglich, dass Haarrisse in der Verfugung von Fliesenbekleidungen auftreten, durch die Regenwasser eindringen kann. Zu bedenken ist dabei, dass die Trocknungsmöglichkeit an der Oberfläche infolge der hohen Wärmedämmung reduziert ist. Der in Bild 70 dargestellte Schaden ist eindeutig auf über die Fugen eingedrungenes Regenwasser zurückzuführen.

Fliesen auf WDV-System problematisch!

7.2 Einfluss des Armierungsgewebes

7.2.1 Zug- und Scherzugfestigkeit

Im Rahmen der bereits erwähnten Untersuchungen über die Vermeidung von Fenstereckrissen [11] wurden Messungen der Zugfestigkeit und der Scherzugfestigkeit an Proben der verwendeten Putze durchgeführt. Folgende Putze für WDV-Systeme wurden geprüft:

- Dünnputzsystem:
  ca. 6 mm Armierungsputz mit Kalk und Zement als Bindemittel und 3 % Kunststoffzusatz, Größtkorn ca. 1 mm mit feinem Armierungsgewebe. Darauf ca. 4 mm Strukturputz entsprechend PIc mit Größtkorn 3 mm.

- Dickputzsystem:
  ca. 12 mm Armierungsputz mit Kalk und Zement als Bindemittel und 1,5 % Kunststoffzusatz, Größtkorn ca. 2,5 mm mit grobem Gewebe. Darauf Strukturputz wie beim Dünnputzsystem.

Angaben zu den verwendeten Armierungsgeweben enthält Bild 71. Von diesen Putzen wurden Proben der Größe 100 mm × 200 mm hergestellt, an denen sowohl Zugversuche als auch Scherzugversuche gemäß Abschnitt 5.2 vorgenommen worden sind. Dabei wurde auch die Lage der Armierungen variiert und Putzproben ohne Armierung geprüft. Die angegebenen Werte sind jeweils Mittelwerte aus drei Einzelwerten.

Ergebnisse von Zugversuchen sind in Bild 72 dargestellt. Entsprechend der größeren Dicke ist beim Dickputz eine größere Zugkraft zum Bruch aufzuwenden als beim Dünnputz und nur bei letzterem bewirkt das Gewebe eine größere Bruchdehnung; beim Dickputzsystem sind die Proben ohne Gewebe dehnfähiger. Die aus diesen Messungen ermittelten Werte der Zugfestigkeit und des E-Moduls enthält Tabelle 7.

Armierung und Bruchdehnung

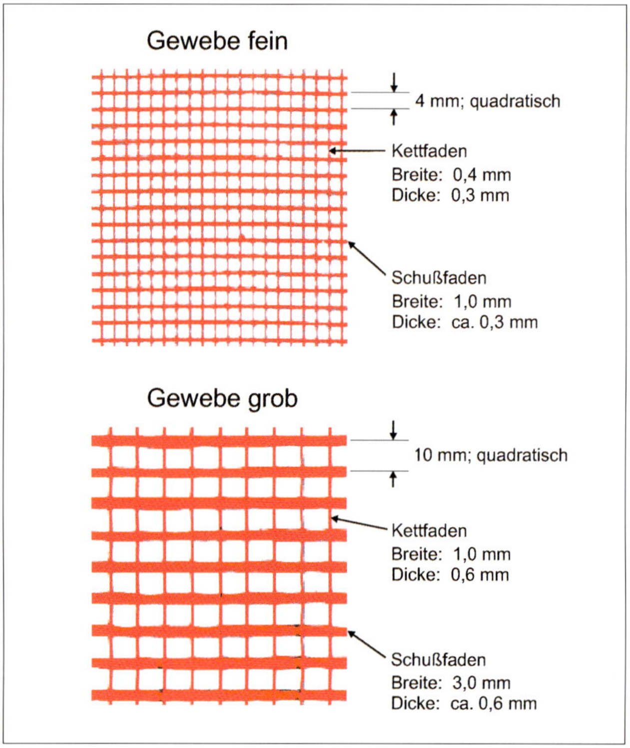

Bild 71
Verwendete Armierungsgewebe aus Glasseidengewebe mit Maßangaben.

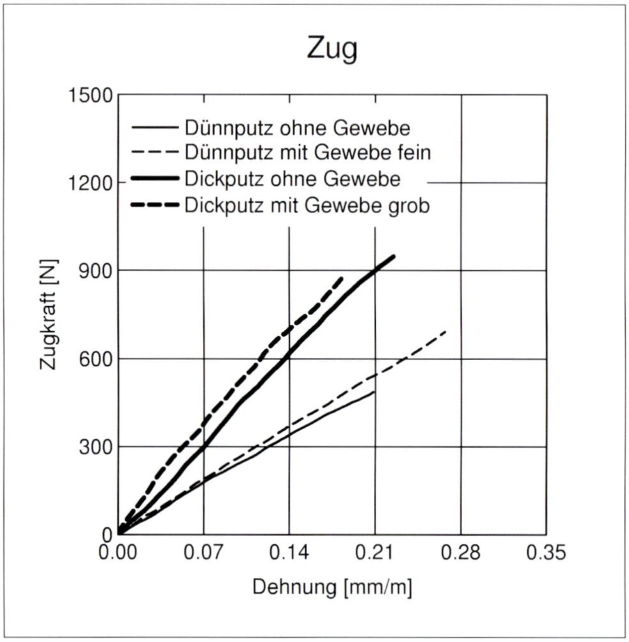

Bild 72
Zugkraft in Abhängigkeit von der Dehnung bei Zugversuchen an Dünn- und Dickputzen ohne und mit Gewebe, Mittelwerte, Kettfäden in Zugrichtung.

Putzsystem	Zugfestigkeit [N/mm²]	E-Modul [N/mm²]
Dünnputz ohne Gewebe	0,85	4650
Dünnputz mit Gewebe fein	1,09	4320
Dickputz ohne Gewebe	0,81	4130
Dickputz mit Gewebe grob	0,71	4240

Tabelle 7
Mittelwerte von Zugfestigkeit und E-Modul der geprüften Putze bei Zugbeanspruchung ohne und mit Gewebe, mittig eingelegt mit Kettfäden in Zugrichtung.

Die entsprechenden Ergebnisse bei der Scherzug-Beanspruchung sind aus Bild 73 zu entnehmen. In diesem Fall ist der Kraftanstieg in Abhängigkeit von der Fugenaufweitung bei allen Putzvarianten praktisch gleich und die Dünnputzsysteme ermöglichen ohne und mit Armierung eine größere Fugenaufweitung ohne Schaden als die Dickputzsysteme. Eine Gegenüberstellung der Verformungswerte und der Bruchkraft bei Zug und Scherzug gibt Tabelle 8.

Anordnung des Armierungsgewebes

Dem Einfluss der Anordnung der Armierungsgewebe – ob außen, mittig oder innen – und der Zugrichtung – ob längs des Kett- oder Schussfadens oder diagonal – wurde in weiteren Untersuchungen nach der Zug- und Scherzug-Methode nachgegangen. Aus den in den Bildern 74 und 75 aufgezeichneten Ergebnissen ist Folgendes festzustellen: Wie im Falle der Bilder 72 und 73 ergibt sich auch hier, dass bei Zug unterschiedliche Verhältnisse Bruchkraft/Dehnung beim Dünnputz und

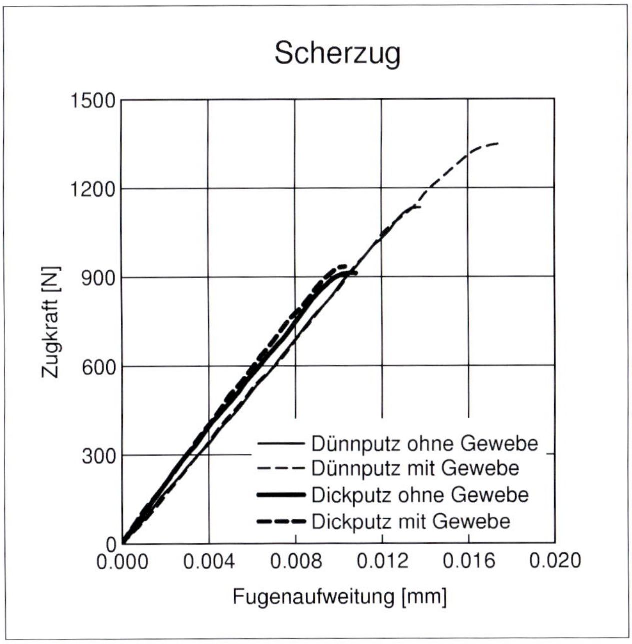

Bild 73
Zugkraft in Abhängigkeit von der Fugenaufweitung bei Scherzugversuchen an Dünn- und Dickputzen ohne und mit Gewebe, Mittelwerte, Kettfäden in Zugrichtung.

Tabelle 8
Gegenüberstellung von Bruchdehnung bzw. Fugenaufweitung und Bruchkraft der geprüften Putze bei Zug- und Scherzugversuchen (Mittelwerte).

Putzsystem	Zug		Scherzug	
	Bruchdehnung [mm/m]	Bruchkraft [N]	Fugenaufweitung bei Bruch [mm]	Bruchkraft [N]
Dünnputz ohne Gewebe	0,21	485	0,014	1123
Dünnputz mit Gewebe fein	0,26	693	0,017	1348
Dickputz ohne Gewebe	0,23	930	0,011	912
Dickputz mit Gewebe grob	0,18	882	0,010	935

Vergleich Zug – Scherzug

Dickputz auftreten, im Gegensatz zu den Verhältnissen beim Scherzug. Außerdem ist in beiden Fällen beim Dickputz keine Differenzierung nach den geprüften Varianten festzustellen, während beim Dünnputz Unterschiede vorhanden sind. Die Zugbruchdehnung ist bei den armierten Varianten größer als ohne Armierung, wobei die Lage des Gewebes einen geringen Einfluss hat (Bild 74). Beim Scherzug erlaubt das mittig eingelegte Gewebe ebenfalls eine größere Fugenaufweitung (Bild 75).

Ein unmittelbarer Vergleich der Ergebnisse nach den beiden Prüfmethoden »Zug« und »Scherzug« ist nicht möglich, da sich im ersten Fall die Zugbeanspruchung auf die gesamte Probenlänge von 200 mm

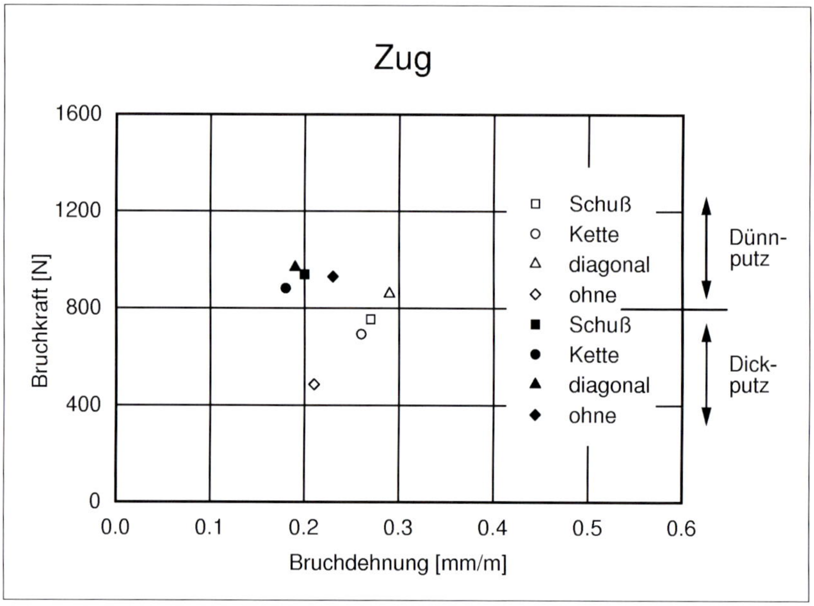

Bild 74
Zusammenhang zwischen Bruchkraft und Bruchdehnung bei Zugversuchen an Dünn- und Dickputzen bei verschiedener Lage des Gewebes zur Zugrichtung, Mittelwerte.

erstreckt, während im zweiten Fall nur die Aufweitung einer Millimeter-Fuge stattfindet. Beim Zug wirkt sich in beiden Fällen (Bilder 72 und 74) die unterschiedliche Putzdicke auf die Bruchkraft aus, wogegen die Putzdicke beim Scherzug praktisch keinen Einfluss hat (Bilder 73 und 75). Offensichtlich ist in diesem Fall der beim Dünnputz und Dickputz etwa gleiche E-Modul (siehe Tabelle 7) für die Kraftentwicklung bei der Fugenaufweitung maßgebend. Bemerkenswert ist außerdem, dass der Kraftaufwand zur Erzielung eines Bruchs beim Scherzug etwa doppelt so groß ist wie beim Zug. Das bedeutet, dass in diesem Fall dem Brechen des Putzes ein größerer Widerstand entgegengesetzt wird als beim reinen Zug. Dies korrespondiert mit dem Ergebnis, dass ein Putz bereits bei der sehr geringen Zugdehnung von 0,2 mm/m bricht (Abschnitt 1.4 und Bild 72). Die Scherzug-Methode entspricht der praktischen Beanspruchung bei Mauer- oder Gebäuderissen, während die Beanspruchung »Zug« für einen auf dem Mauerwerk haftenden Putz eine hypothetische Beanspruchung darstellt. (Ergänzung unter 7.5.)

Scherzug entspricht der Praxis

7.2.2 Armierungsgewebe als Trennschicht

Im Außenputz von WDV-Systemen treten manchmal lineare vertikale, auch geringfügig versetze Risse auf. Man stellt unschwer fest, dass diese Risse mit den Kettfäden des Armierungsgewebes in Zusammenhang stehen (Bild 76). Seltener treten solche Risse auch längs der Schussfäden auf (Bild 77). Eine nähere Untersuchung ergab Folgendes: Die Putzhaf-

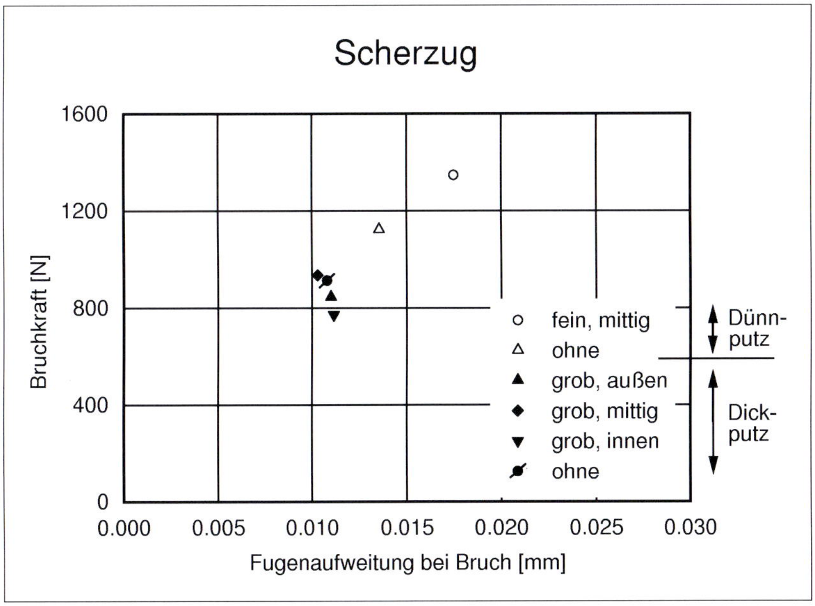

Bild 75
Zusammenhang zwischen Bruchkraft und Fugenaufweitung bei Scherzugversuchen an Dünn- und Dickputzen bei verschiedener Lage des Gewebes (fein, grob, außen, mittig, innen), Mittelwerte.

Bild 76
Risse im Armierungsputz längs Kettfäden des Gewebes, mit Filzstift nachgezeichnet. Die Haftung zwischen Gewebe und Mörtel ist gering, weshalb das Gewebe leicht freizulegen war.

Bild 77
Risse im Armierungsputz längs Kett- und Schussfäden des Gewebes, mit Filzstift nachgezeichnet. Bei den Schussfäden sind Abweichungen von der Fadenlage festzustellen (geringere Kerbwirkung aus bei den Kettfäden).

Geringe Putzhaftung auf Gewebe

tung ist auf dem imprägnierten Glasgittergewebe nicht besonders gut, der Putz lässt sich leicht ablösen, wie aus den Bildern 76 und 77 zu erkennen ist. Des Weiteren wurde festgestellt, dass an aufgetretenen Vertikalrissen die Putzüberdeckung der Kettfäden gering ist, nämlich nach Messungen im Mittel 1,3 mm im Gegensatz zu 2,5 mm in rissfreien Bereichen. In der Flächenansicht sind zwar die Kettfäden schmäler als die Schussfäden – siehe Bild 71, Gewebe grob – in Richtung der Mörteldicke sind sie aber 1 mm breit. Dies bedeutet, dass quer zu den Kettfäden wegen der geringen Putzhaftung an deren Oberflächen eine verminderte Zugfestigkeit besteht. Die Gewebefäden können gewissermaßen als Sollbruchstellen wirken, die insbesondere bei zu dünnem Putzauftrag und in Verbindung mit der Kerbwirkung der Fäden zu Rissen im Armierungsputz führen können. Bei den breiten aber in Richtung der Putzdicke schmäleren Schussfäden ist die Rissgefahr geringer.

7.3 Windsog und Standsicherheit

Überlegungen über die Standsicherheit von WDV-Systemen gegenüber Windeinwirkungen ist ein Thema, das bisher hauptsächlich theoretisch behandelt worden ist. Beim Ansetzen extremer Windsogkräfte und Einhalten von Mehrfach-Sicherheiten kommt man auf große Dübelzahlen in kritischen Fassadenbereichen mit entsprechenden Kosten und mit unvermeidlichen Wärmebrückenwirkungen. Andererseits ist es eine Tatsache, dass so gut wie keine Sturmschäden in Verbindung mit WDV-Systemen bekannt sind, auch wenn die Dämmplatten ohne zusätzliche Verdübelung lediglich verklebt sind. Dies wurde durch eine Umfrage bestätigt, die über das Deutsche Malerblatt erfolgte, nachdem Anfang 1990 fünf Orkane über Deutschland gezogen sind und entwurzelte und gebrochene Bäume und abgedeckte Dächer hinterlassen haben [33].

Keine Sturmschäden

Dass dies so war und ist, lässt andere Ursachen vermuten als nur eine hervorragende Verklebung und Verdübelung der WDV-Systeme und war der Anlass für orientierende Untersuchungen in der Freilandversuchsstelle Holzkirchen. Die Vermutung war, dass sich wegen der Luftdurchlässigkeit des Putzes und des Dämmstoffes die angesetzten Windsogkräfte gar nicht aufbauen. Dabei ist insbesondere der Dämmstoff Mineralwolle zu betrachten, bei dem die Haftfestigkeit der Verklebung wegen der Dämmstoffeigenschaften geringer ist als bei Polystyrol-Hartschaumplatten. An einem Versuchshaus mit WDV-System (100 mm

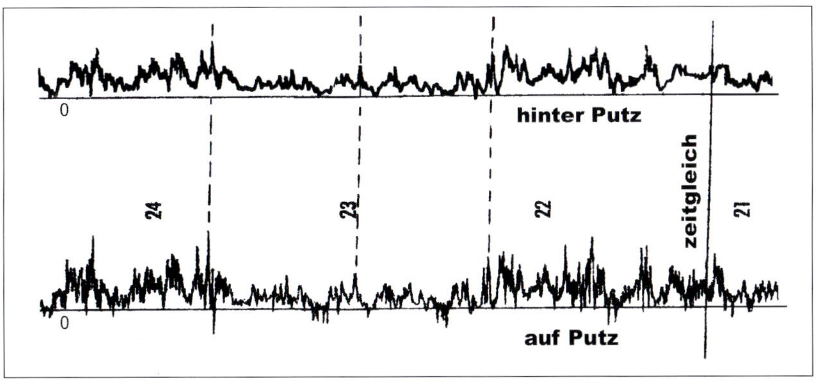

Bild 78
Registrierungen der Winddruckdifferenzen zwischen Putzoberfläche und Mineralwolle hinter dem Putz und dem Innenraum eines Versuchshauses mit WDV-System bei wechselndem Wind in Abhängigkeit von der Zeit. Unter Berücksichtigung kleiner Zeitverschiebungen zwischen den beiden Registrierungen (siehe Markierung »zeitgleich«) treten Druckspitzen vor und hinter dem Putz praktisch gleichzeitig auf (siehe Strichelungen). Auch die mittleren Druckdifferenzen sind qualitativ kaum verschieden. Für eine quantitative Bewertung sind die Kalibrierwerte der Druckaufnehmer zu berücksichtigen.

Mineralwolleplatten und mineralischer Putz) wurden auf der Westseite mit Hilfe von eingebauten Druckgebern die Druckdifferenzen zwischen der Putzoberfläche und dem Innenraum sowie zwischen der Mineralwolle hinter dem Putz und dem Innenraum registriert. Die bei windigem Wetter aufgenommenen Registrierungen sind in Bild 78 dargestellt. Man erkennt daraus, dass Druckschwankungen an der Putzaußenfläche zeitgleich hinter dem Putz im Dämmstoff auftreten. Der mineralische Putz setzt somit den instationären Luftdruckschwankungen keinen nennenswerten Widerstand entgegen. Der sofortige Druckausgleich bedeutet, dass auf den Putz praktisch keine vom Wind veranlassten Druck- und Sogkräfte wirken. Wegen der Luftdurchlässigkeit der Mineralwolle können sich auch Druckunterschiede in der Fläche – z. B. zwischen Gebäuderand und -mitte – ausgleichen. Vermutlich ist dieser bisher nicht berücksichtigte Effekt die Hauptursache, weshalb WDV-Systeme gegenüber Stürmen und Orkanen nicht schadensanfällig sind.

Winddruck-Ausgleich im Putz

Aus dieser Sicht erscheinen die geforderten Prüfungen zum Nachweis der Standsicherheit von WDV-Systemen gegen Windsog nicht gerechtfertigt. Nach der EOTA-Leitlinie für »Außenseitige Wärmedämm-Verbundsysteme mit Putzschicht« (ETAG Nr. 004 vom März 2000) ist ein Durchziehversuch von Dübeln durch die Dämmschicht durchzuführen. Die Situation des »Durchziehens« ergibt sich bei der praktischen Beanspruchung eines WDV-Systems aber überhaupt nicht. Gesetzt den Fall, es wird ein Außenputz mit völlig dichter Beschichtung verwendet, durch den der in Bild 78 dargestellte Druckausgleich nicht möglich ist, dann wird der Sog Zugkräfte in der Fläche des Putzes bewirken, die in erster Linie den Armierungsputz beanspruchen. Wichtig ist dann eine ausreichende Zugfestigkeit des Armierungsputzes, um Schäden zu vermeiden.

»Durchziehversuch« fragwürdig

7.4 Zusammenfassung und Folgerungen

Es ist notwendig, die Dampfdurchlässigkeit des Außenputzes auf die Diffusionseigenschaften des Dämmstoffe und den Feuchtezustand der tragenden Wandkonstruktion abzustimmen. Erfolgt dies nicht in ausreichendem Maße, können Schäden auftreten.

Die Feststellung in Abschnitt 7.2.2 über die relativ geringe Haftung zwischen Glasfasergewebe und Armierungsmörtel kann zu einer Erklärung der Ergebnisse über die Zug- und Scherzugmessungen in Abschnitt 7.2.1 beitragen, wonach bei den Proben aus Dickputzsystemen kein signifikanter Einfluss des Gewebes auf die Festigkeit festzustellen war. Man kann annehmen, dass in diesem Fall wegen des geringeren Kunststoffzusatzes (siehe Tabelle 7) der Haftverbund zwischen Mörtel und Glasfaser geringer war als bei den Dünnputzsystemen mit größerem Kunststoffzusatz. Wenn das Gewebe damit mehr oder weniger »frei« im Mörtel liegt, ist natürlich die Armierungswirkung gering.

Der genannte »Trenneffekt« durch das Gewebe begründet auch die Forderung, mit Mehrfach-Auflagen des Gewebes äußerst sparsam umzugehen. Die Gewebeeinlage mindert die Putzdicke und damit die Festigkeit. Dies macht sich insbesondere in Bereichen nachteilig bemerkbar, wo eine erhöhte Zugfestigkeit durch die Armierung erwünscht ist.

Aus diesen Ergebnissen und Überlegungen kann gefolgert werden, dass die Armierungswirkung von Putzen mit Gewebeeinlagen noch optimiert werden kann. Dies würde systematische Untersuchungen mit Variation von Putzdicke, Putzzusammensetzung, Gewebeart und -abmessungen erfordern, die nach der Scherzug-Methoden möglich sind. Beim heutigen Kenntnisstand ist es müßig darüber nachzudenken, ob die Gewebearmierung mittig oder im äußeren Drittel des Armierungsputzes anzuordnen ist. Bei den gegebenen Putzdicken ist es sicher richtig, eine mittige Einbettung anzustreben, wobei die handwerkliche Ausführung immer zu kleinen Abweichungen führen wird.

Zweckmäßig: mittige Einbettung des Gewebes

7.5 Überlegungen

Die im Zusammenhang mit WDV-Systemen behandelten Fragen zeigen, dass auf den behandelten Gebieten noch Forschungsbedarf besteht. Zwar zählt das Aufbringen eines solchen Dämmsystems bereits zu den bewährten Maßnahmen, doch könnte bei Klärung der angeschnittenen Fragen noch eine größere Ausführungssicherheit erzielt werden.

Dampfdurchlässigkeit von Außenputz wichtig

Dies betrifft einmal die Dampfdurchlässigkeit des Außenputzes und damit zusammenhängende Fragen. In bisherigen Zulassungen wird dazu nichts ausgesagt. Dies wäre aber sinnvoller als die wenig aussagekräftigen Untersuchungen an einer Prüfwand zu fordern.

Gewebearmierung optimieren

Des Weiteren sind zum Themenbereich Gewebearmierung systematische Untersuchungen wünschenswert. Die Beurteilung des Armierungseffekts ist noch nicht befriedigend (siehe Ergebnisse Zug/Scherzug).

Windsog kontrollieren

Auch der Frage der Windsogkräfte sollte weiter nachgegangen werden. Die beschriebenen Testversuche geben nur erste Hinweise zu dieser Frage. Für WDV-Systeme werden eine Fülle von Prüfungen bei Zulassungen gefordert, die mich einmal zu einer Veröffentlichung mit dem Titel »Prüfen um des Prüfens willen« veranlasst haben [16]. Auch der Durchziehversuch könnte zu dieser Prüfkategorie zählen.

8 Fassadenbegrünung

Die Begrünung von Fassaden erfolgt zwar in erster Linie wohl aus der persönlichen Einstellung zu einer »lebenden« Fassadenbekleidung und der optischen Wirkung, hat aber andererseits auch bauphysikalische Auswirkungen zur Folge. Zu Ersterem gibt es Aussagen der Forschungsgesellschaft Landschaftsentwicklung Landschaftsbau e.V. [34], zu Letzterem wurden eingehende Untersuchungen im Fraunhofer-Institut für Bauphysik durchgeführt [35].

8.1 Bauphysikalische Auswirkungen

8.1.1 Wärmeschutz

Eine voll ausgebildete Fassadenbegrünung stellt einen guten Schutz vor direkter Sonneneinstrahlung dar. Bei den in [35] untersuchten Fassaden wurden im Mittel 50 % der eingestrahlten Sonnenenergie absorbiert, 30 % reflektiert und nur 20 % gelangten als diffuse Strahlung bis zur Wandoberfläche. Vor allem im Sommer bewirkt somit eine Begrünung einen wirksamen Sonnenschutz.

Sonnenschutz gut

Eine dichte und ausreichend dicke Begrünung beeinflusst die Luftbewegung und damit den Wärmeübergang an der Wandaußenseite. Im Blattwerk treten im Allgemeinen Strömungsgeschwindigkeiten unter 0,5 m/s auf. Die dadurch bedingte Reduzierung des Wärmeübergangskoeffizienten wirkt sich bei der heute üblichen Wanddämmung allerdings nur in geringem Maße auf den U-Wert aus. Im Monatsmittel ergaben sich unter winterlichen Verhältnissen und immergrüner Bepflanzung um etwa 2 K höhere äußere Oberflächentemperaturen.

Dämmeffekt gering

8.1.2 Feuchteschutz

Regenschutz gut

Eine Fassadenbegrünung bewirkt einen ausgezeichneten Regenschutz. Die Regenbelastung einer Wand geht praktisch auf Null zurück, wenn das Blattwerk voll ausgebildet ist. Die relative Luftfeuchte an der Wandoberfläche kann durch die Begrünung im Vergleich zu einer nicht begrünten Fläche um einige Prozentpunkte abweichen, wobei auch die geänderten Temperaturverhältnisse maßgebend sind. Die absolute Luftfeuchte entspricht aber im Mittel der absoluten Feuchte der Außenluft. Wegen des Ausgleichs mit der Außenluft ist eine merkliche Erhöhung infolge Verdunstungsfeuchte nicht feststellbar.

Bild 79
Teilansicht einer Wand mit Efeu-Begrünung. Die z.T. unter das obere Wetterbrett eindringenden Triebe können beim Dickenwachstum Schäden verursachen.

8.1.3 Putzschädigung

Manchmal wird befürchtet, dass bei Selbstklimmern durch die Haftwurzeln (z.B. Efeu) oder die Haftscheiben (z.B. Wilder Wein) eine Schädigung des Putzes auftreten kann. Im Rahmen der genannten Untersuchungen [35] wurden auch Messungen der Abreißkräfte bei Efeu und Wildem Wein vorgenommen mit dem Ergebnis, dass die Größenordnungen dieser Kräfte deutlich unter denjenigen liegen, die zu einer Schädigung des Putzes führen könnten. Durch Beobachtungen und Umfragen wurden auch derartige Schäden nicht bestätigt. Sollten solche Schäden auftreten, dann sind diese sicher auf zu geringe Putzfestigkeit zurückzuführen. In solchen Fällen sind dann auch aus anderen Ursachen Schäden möglich.

Bei schuppenförmigen oder mit offenen Fugen ausgeführten Wandbekleidungen sind Begrünungen mit Selbstklimmern nicht geeignet. Das trifft auch für Fugen, Anschlussbereiche oder Überdeckungen zu, da die Pflanzentriebe in solche Fugen eindringen und beim Dickenwachstum Schäden verursachen können (Bild 79). Auch Fenster und Dachrinnen müssen von dem Bewuchs freigehalten werden. Manche Pflanzen – wie z.B. der Efeu in Bild 80 – bilden einen dicken, grünen Pelz, der von Zeit zu Zeit beschnitten werden sollte. Eine Fassadenbegrünung bedarf daher einer gewissen Wartung und Pflege.

Für Gerüst-Kletterpflanzen (z.B. Waldrebe, Knöterich, Geißblatt, Kletterrosen, Weinrebe) sind Kletterhilfen erforderlich. Je nach Pflanzenart unterscheidet man zwischen Schling- oder Windepflanzen, Rankern und Spreizklimmern, für die es verschiedene Möglichkeiten der Kletterhilfen gibt [34]. Der Vorteil solcher Begrünungen ist, dass sich die Ausbreitung der Pflanzen auf die mit Kletterhilfen versehenen Flächen beschränken lassen. Bei WDV-Systemen sollte man wegen der begrenzten Festigkeit nur Begrünungen mit Kletterhilfen anbringen. Bild 81 zeigt ein Beispiel dafür.

8.2 Biologische Auswirkungen

Ungeziefer durch Begrünung?

Fassadenbegrünungen werden oft als eine Quelle von Ungeziefer angesehen. Bei genauer Betrachtung wird man aber erkennen, dass eine solche Begrünung einer vielfältigen Tierwelt, vor allem Insekten und Vögeln, Nahrungs- und Lebensraum bietet. In einer Fassadenbegrünung kann durch die natürliche Nahrungskette ein Selbstregelungsmecha-

Bild 80
Dichte Efeu-Begrünung und daneben Wilder Wein, dessen Blätter abgefallen sind.

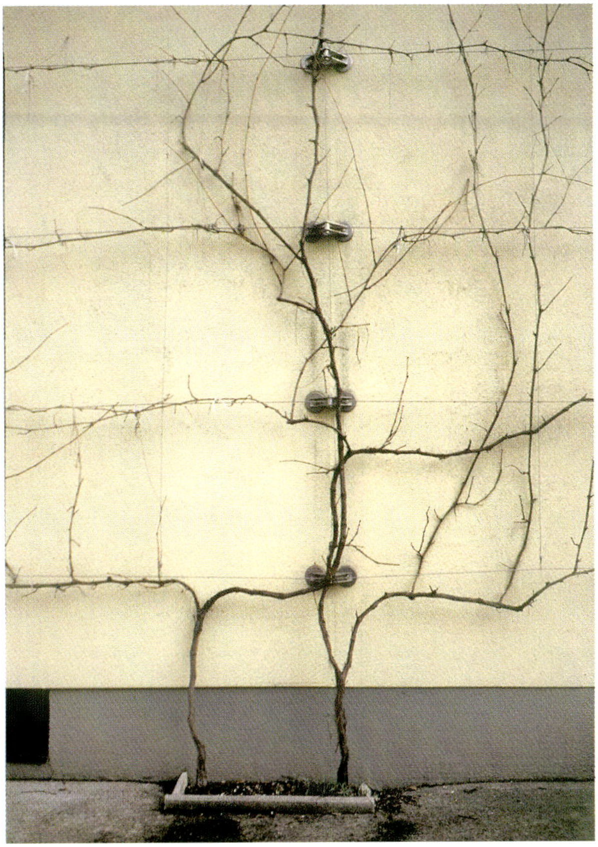

Bild 81
Beispiel einer Kletterhilfe für Weinreben auf einem WDV-System.

nismus entstehen, so dass sich ein Biotop entwickelt, das vermeidet, dass allein beißende und stechende Insekten sich einnisten. Untersuchungen haben ergeben, dass Spinnen in ihren Netzen bis zu 90% Mücken und Blattläuse fangen. Spinnen und Fliegen wiederum dienen den Vögeln als Nahrung und Florfliegen und Schwebfliegen ernähren sich von Blattläusen. In der Blütezeit der Pflanzen kann es allerdings zu einem regeren Besuch aller Arten von Insekten kommen, von Bienen und Wespen bis zu Schmetterlingen.

8.3 Zusammenfassung und Folgerungen

Die Begrünung durch klimmende und kletternde Pflanzen ist ein »biologischer« Fassadenschutz, der in wirksamer Weise den Regenschutz und den sommerlichen Wärmeschutz eines Gebäudes erhöht. Eine solche Fassade ist nicht wartungsfrei, sondern bedarf einer zeitweiligen

»gärtnerischen« Pflege und Beschneidung. Wenn dies berücksichtigt wird, dann erspart man sich aber Renovierungen, wie sie bei Putzfassaden mit Anstrichen von Zeit zu Zeit erforderlich sein können. Allerdings muss man das aus Flora und Fauna sich bildende Biotop akzeptieren. Dies ist eine subjektiv-persönliche Entscheidung, wesentliche Gegenargumente sind objektiv nicht vorzubringen.

8.4 Überlegungen

Die oft sparsamen Grünflächen bei dichter Bebauung können durch Fassadenbegrünungen ergänzt und erweitert werden, wie natürlich auch im städtischen Außenbereich und in ländlichen Gebieten. Insofern liegen »grüne Fassaden« im Trend ökologischen Bauens.

9 Fassadenveralgung

In den letzten Jahren und Jahrzehnten ist ein zunehmender Bewuchs von Algen, Pilzen und Flechten an Gebäudefassaden festzustellen. Man hat dies zunächst auf die Verwendung von Kunstharzputzen und von kunstharzmodifizierten mineralischen Putzen zurückgeführt, wobei man davon ausging, dass die organischen Zusätze einen besseren Nährboden bilden als Putze aus rein mineralischen Bindemitteln, deren Alkalität während eines gewissen Zeitraums biozid wirkt. Eine weitere Ursache für das verstärkte Wachstum sah man in der zunehmend erhöhten Wärmedämmung von Außenwänden, insbesondere in der Verwendung von WDV-Systemen mit geringer Wärmespeicherfähigkeit der Außenschicht. Im letztgenannten Fall kann – anders als bei massiven Wänden – bei nächtlicher Unterkühlung Tauwasser auftreten, wodurch zusätzlich zur Beregnung eine zeitweilige Oberflächenbefeuchtung erfolgt, welche für das mikrobielle Wachstum förderlich ist.

Die Erfahrungen in den letzten Jahren lassen sich aber mit diesen Fakten allein nicht erklären: Zunehmend stellt man nämlich auch an Fassaden mit rein mineralischen Putzen Algenbildung fest. Ein weiterer, zusätzlicher Einfluss muss daher wirksam sein, der mit der veränderten Qualität der Außenluft zusammenhängt. Hierüber, sowie über Art und Ursachen mikrobiellen Wachstums an Fassaden und mögliche Abhilfemaßnahmen wird im Folgenden berichtet.

9.1 Lebensbedingungen und Wachstumsanforderungen von Mikroorganismen

Alle lebenden Organismen benötigen zum Wachsen grundsätzlich Feuchtigkeit, die an Fassaden in Form von Regen und Tauwasser oder allgemein durch die Luftfeuchte angeboten wird. Die weiteren Anforderungen sind bei den in Frage kommenden Mikroorganismen unterschiedlich, wie im Folgenden erläutert wird [36].

9.1.1 Algen

Algen ernähren sich wie alle grünen Pflanzen autotroph, das bedeutet, dass sie aus Kohlendioxid und Wasser mit Hilfe von Lichtenergie Kohlehydrate bilden (Photosynthese). Die meisten Algen leben im Wasser, doch kommen sie z.B. auch im Boden, an Felsen und an Baumrinden vor. Letztere kann man auch als Luftalgen bezeichnen. Die gebildeten

Bild 82
Beginnende Algenbildung in den Vertiefungen des Putzes, in denen sich das Regenwasser länger hält im Gegensatz zu der geglätteten und dadurch verdichteten Putzaußenfläche.

Kohlehydrate sind die Ausgangsstoffe für alle weiteren Produkte der Algen: Proteine, Fette, Öle, Kernsäure, Farbstoffe und vieles andere. Dazu benötigen die Algen Stickstoff und verschiedene Spurenelemente, die sie aus dem Substrat, auf dem sie leben oder aus der Luft oder dem Regen entnehmen. Die Vielfalt der Algen ist sehr groß. An Gebäudefassaden findet man hauptsächlich Grünalgen. Die Besiedelung einer Fassade durch Grünalgen beginnt meist in kleinen, länger feuchtgehaltenen »Nestern« (Bild 82) und breitet sich dann auf größere Flächen aus, wie in weiteren Bildern gezeigt wird.

9.1.2 Bakterien und Blaualgen

Bakterien bestehen aus sehr kleinen Zellen, die keinen Zellkern besitzen. Sie ernähren sich hauptsächlich heterotroph, indem sie Stoffe von anderen Organismen zersetzen. Einige Bakteriengruppen sind jedoch auch zur Photosynthese fähig, so die weit verbreiteten Blaugrünen Bakterien, die früher als Blaualgen bezeichnet wurden. Sie können Felsen und Hausfassaden mit dunklen Linien überziehen, die an »Tintenstriche« erinnern.

9.1.3 Pilze

Algenproben von einer Hauswand zeigen unter dem Mikroskop in der Regel kleine, farblose Fäden, die sich zwischen den Algenzellen hindurchziehen. Es sind die Hyphen von Pilzen, die sich von den Stoffen, die autotrophe Algen und Bakterien produzieren, ernähren oder abge-

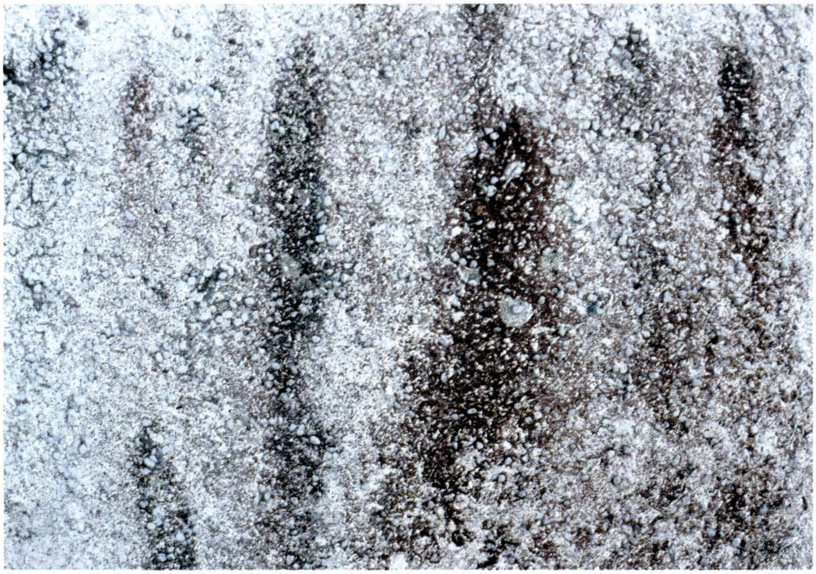

Bild 83
Verschiedene Pilzkolonien, die sich von einem Wachtumszentrum dem Wasserlauf folgend nach unten ausbreiten.

storbene Zellen zersetzen. Das gesamte Hyphengeflecht eines Pilzes wird als Myzel bezeichnet und ist makroskopisch – wenn überhaupt – nur in den obersten Schichten eines Wirtskörpers als weißes, filziges Geflecht sichtbar. Viele Myzelien verdichten sich zeitweilig zu Fruchtkörpern und bilden darin Milliarden von Sporen, mit denen sie sich vermehren und ausbreiten. Diese Fruchtkörper werden gemeinhin als Pilze bezeichnet. Es gibt jedoch auch Pilze, die keine eigenen Fruchtkörper, sondern nur einen dichten Rasen von Sporen bilden, so z. B. die Schimmelpilze. Die Besiedelung von Pilzen beginnt kreisförmig, von diesem Kern ausgehend und oft dem Wasserlauf nach unten folgend (Bild 83).

9.1.4 Flechten

Die bunten Krusten oder die sich überlappenden, grauen »Blätter« an Mauern, Baumrinden und Grabsteinen sind Flechten. Wenn es regnet sind sie weich und farbstark; wenn es trocken ist, sind sie hart und schwächer gefärbt. Die Bezeichnung »Flechten« versteht man, wenn man sie unter dem Mikroskop betrachtet. Sie bestehen aus einem dichten Hyphengeflecht, in das die Zellen von Grünalgen und Blaugrünen Bakterien eingeschlossen sind. Damit entpuppen sich Flechten als eine Symbiose zwischen Algen und Pilzen. Die Algen produzieren durch Photosynthese energiereiche, organische Stoffe und ernähren damit den Pilz. Dieser sorgt umgekehrt für einen ausgeglichenen Wassergehalt und für die geregelte Zufuhr von Nährsalzen. Diese Symbiose

Bild 84
Verschiedene Flechten auf rotem Sandstein

ermöglicht es, dass Flechten sowohl in der Wüste als auch auf den höchsten Gipfeln des Himalaya gedeihen können. Flechten treten oft in faszinierender Farbe und Gestalt auf (Bild 84).

9.1.5 Moose

Moose sind die Amphibien unter den Pflanzen. Ihre dünnen Blättchen besitzen keinen ausgeprägten Verdunstungsschutz und so gedeihen sie eng an das Substrat geschmiegt hauptsächlich an feuchten und schattigen Stellen. Doch besitzen viele von ihnen auch die Fähigkeit, eine Trockenperiode ohne Schaden zu überstehen. Sie trocknen dabei völlig aus, quellen, sobald es feucht wird, wieder auf und beginnen erneut mit der Photosynthese. Moose besiedeln von Bakterien, Algen und Pilzen vorbereitete Unterlagen oder wachsen auf angewehtem oder angeschwemmtem Material und treiben so die Vegetationsmöglichkeit für andere Bewuchsarten weiter. Sie besitzen noch keine echten Wurzeln, wohl aber wurzelähnliche Fäden, mit denen sie sich im Untergrund etwas verankern können. Es ist verständlich, dass unter diesen Verhältnissen Moose vor allem auf Dächern und in Dachrinnen geeignete Wachstumsbedingungen finden.

9.2 Luftqualität

In früheren Jahrzehnten war die Luftverschmutzung eine wesentliche Ursache für die Verschmutzung von Fassaden, was in gewissen Zeiträumen Renovierungen erforderte. Dies war besonders in Industriegebieten und an verkehrsreichen Straßen der Fall. Fassadenbereiche, die vom Regen nicht getroffen wurden, unterschieden sich oft sehr von Bereichen, die vom Regen gesäubert worden sind (Bild 85). Heute ist es umgekehrt: Die beregneten Flächen »verschmutzen« durch Veralgung und die nicht beregneten bleiben sauber (Bild 86). Durch die Filterung der Luft in Industrieanlagen haben der Staubgehalt aber auch der Schadgasgehalt der Luft sehr abgenommen. Unter den Schadgasen wirkte vor allen das Schwefeldioxid (SO_2) biozid, das in der Vergangenheit mikrobielles Wachstum reduziert oder vermieden hat.

Verschmutzung

Veralgung

Bild 85
Verschmutzung von Fassadenflächen, die vom Regen kaum getroffen und daher nicht gewaschen werden, fotografiert 1970.

Bild 86
Putzfassade auf Mauerwerk mit unterschiedlichem Pilzbefall in einem ausgesprochenen Reinluftgebiet. Insbesondere die stark bewitterten oberen Fassadenbereiche der Wetterseite sind befallen, die zurückspringenden bzw. durch Fensterbänke regengeschützten Bereiche jedoch deutlich geringer.

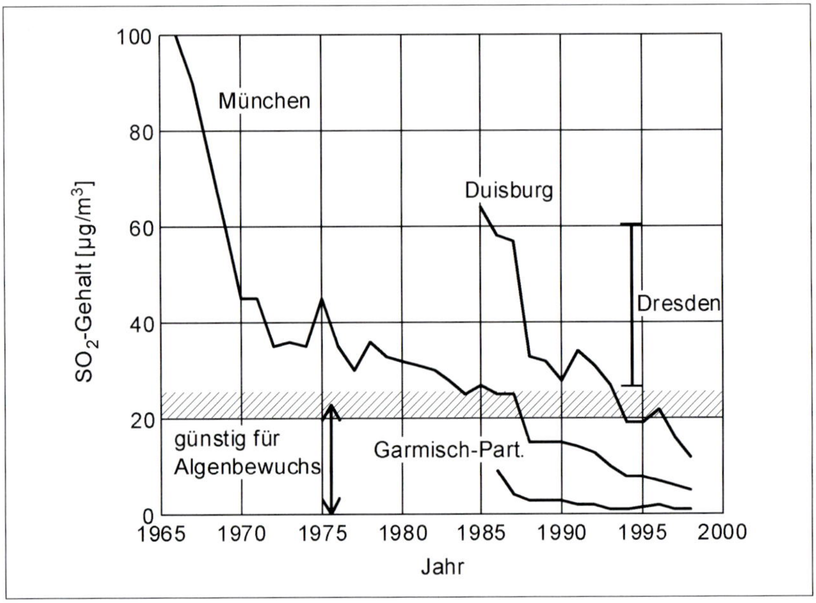

Bild 87
Zeitverläufe des SO_2-Gehalts der Außenluft in verschiedenen Städten nach Messungen des Bayerischen Landesamts für Umweltschutz sowie der Städte Duisburg und Dresden.

Die zeitliche Abnahme des SO_2-Gehalts in der Luft ist nach Messungen in einigen Orten Deutschlands in Bild 97 aufgezeichnet. Literaturstudien ergaben, dass vor 1985 das Thema »Algen an Fassaden« so gut wie nicht in der Fachliteratur behandelt worden war. Man kann davon ausgehen, dass dieses Thema bei der damaligen Luftqualität nicht aktuell war bzw. erst bei einem SO_2-Gehalt der Luft unter 20 µg/m³ evident geworden ist. Dieser Wert war in Industrie-fernen Reinluftgebieten (z.B. Garmisch-Partenkirchen) zwar schon früher unterschritten worden, was aber damals nicht zu einer nachhaltigen Algen-Diskussion geführt hat. Bei der Luftverschmutzung in Ostdeutschland in der Zeit der DDR waren Algen überhaupt kein Problem, was sich aber nach der Wende rasch geändert hat (siehe Messwerte Dresden in Bild 87). Heute besteht in diesem Punkt praktisch kein Unterschied mehr zwischen Ost und West. Die Fotos mit Algenschäden auf den Bildern 90, 92 und 93 stammen aus der Gegend von Leipzig.

SO_2-Gehalt der Luft

Reinluftgebiet: < 20 µg/m³ SO_2

Zur Minderung des SO_2-Gehalts kommt eine Zunahme von Stickstoffverbindungen in der Luft, hervorgerufen u.a. durch NO_x-Emissionen des Autoverkehrs, die gleichsam als »Düngemittel« für biologischen Bewuchs wirken. Die reinere Luft kommt somit nicht nur uns Menschen zugute, sondern ermöglicht auch ein früher nicht gekanntes mikrobielles Wachstum in unserer Umwelt. Davon sind nicht nur die Gebäudefassaden betroffen. Bartflechten, früher ein Zeichen für reine Luft im Hochgebirge, wachsen jetzt bereits an Bäumen in unseren Gärten.

No_x als Düngung

9.3 Erscheinungsformen und Ursachen des Algenbewuchses an Fassaden

Die Erscheinungsformen, d.h. die Besiedelungs- und Ausbreitungsart von Mikroorganismen an Fassaden lässt Schlüsse über deren Ursachen und Wachstumsmöglichkeiten zu. Dies wird an den folgenden Beispielen erläutert. Dabei wird nicht nach den verschiedenen Mirkoorganismen unterschieden, sondern stellvertretend und verallgemeinernd nur von »Algen« gesprochen. Eine Unterscheidung nach den einzelnen Arten ist nur durch mikroskopische Untersuchungen möglich und für die praktische Bewertung von sekundärer Bedeutung.

9.3.1 Beregnung

Dass der unmittelbaren Beregnung die Hauptursache des Algenwachstums zukommt, ist nach den vorangegangenen Ausführungen verständlich und wird durch Bild 88 eindrucksvoll dokumentiert, aus dem auch erkennbar ist, dass ein »gebündelter« Wasserfluss das Problem verstärkt. Allgemein sind daher häufig beregnete Wetterseiten anfälliger für Algenbewuchs als geschütztere Wände. Dies geht aus Bild 89 hervor, aus dem gleichzeitig die »Sensibilität« von WDV-Systemen für andere Einflüsse erkennbar wird, wie Beheizung, Wärmebrücken und partieller Regenschutz. Besonders wirksam zur Vermeidung von Algen sind ausreichende Dachüberstände und sonstige Maßnahmen des konstruktiven Regenschutzes. Ein Gegenbeispiel ohne Dachüberstand zeigt Bild 86.

9.3.2 Tauwasser

Die nächtliche Abkühlung und Abstrahlung kann insbesondere bei außengedämmten Fassaden und bei hinterlüfteten, dünnen Bekleidungen zu Unterschreitungen des Taupunkts der Außenluft führen und damit Taubildung an den Oberflächen zur Folge haben. Die an klaren Nächten auftretende Taubildung bewirkt eine immer wiederkehrende, zusätzliche Oberflächenbefeuchtung, sowohl unter sommer-

Bild 88
Algenbildung infolge partiell verstärkten Regenwasserabflusses an einem überdachten Mauerpfeiler.

Bild 89
West-und Südwand eines Gebäudes mit unterschiedlicher Veralgung auf einem WDV-System. Diese ist generell auf der häufig beregneten Westwand (links) stärker als auf der Südwand (rechts). Stärkere Algenbildung ist auch im unteren Wandbereich festzustellen, der an das nicht beheizte Kellergeschoss grenzt. Die Streifen mit geringerer Veralgung auf der Westwand sind auf die Wärmebrückenwirkung der Schienenbefestigung der Dämmplatten zurückzuführen. Schließlich ist auch die Wirkung des Regenschutzes der Fensterbleche zu erkennen. Die Schwärzepilze über dem Küchenfenster ganz links sind auf die ausströmende feuchte Luft beim Lüften zurückzuführen.

lichen als auch unter winterlichen Wetterbedingungen. Deshalb sind leichte bzw. außengedämmte Konstruktionen anfälliger für Algenbildung. Wie bereits erwähnt, ist dies bei massiven, wärmespeichernden Konstruktionen nicht im gleichen Maße der Fall. Da die nächtliche Unterkühlung je nach Umgebungsbedingungen nur 1 bis 3 K beträgt, können sich verständlicherweise Wärmebrücken-Effekte deutlich bemerkbar machen. Z. B. können Befestigungsdübel bei WDV-Systemen nach vorliegenden Messungen eine Erhöhung der Oberflächentemperatur von etwa 1 K bewirken. Dies kann aber bereits eine merklich geringere Taubildung zur Folge haben, so dass sich solche Dübelköpfe oft als algenfreie Stellen abzeichnen (Bild 90). Auch in Bild 89 ist zu erkennen, dass die Wärmebrückenwirkung der Schienenbefestigung des WDV-Systems eine geringere Algenbildung zur Folge hat. Freistehende Fassaden sind wegen der ungehinderten Abstrahlung stärker von Algenbildung betroffen als Flächen, die im Strahlungsaustausch mit benachbarten Baukörpern stehen.

Wärmebrücken algenfrei

Eine diese Ausführungen bestätigende Feststellung wurde an einer Westwand mit WDV-System und Begrünung gemacht (Wand in Bild 81). Infolge des Regenschutzes und der Minderung der nächtlichen Wärmeabstrahlung durch die Begrünung sind an dieser Wand keine Algen gewachsen, wohl aber an der nicht begrünten, freien Südwand des gleichen Hauses trotz der geringeren Beregnung auf dieser Seite (Bild 91). So kann man eine unerwünschte Algenbegrünung durch eine bewusste Fassadenbegrünung vermeiden.

Bild 90
Algenbildung an einer Fassade mit WDV-System. Die Dübelköpfe wirken als Wärmebrücken, weshalb der Putz darauf rascher trocknet und nicht veralgt. Auch unterhalb des Fensters und darüber ist wegen des Regenschutzes der Fensterbleche der Algenbewuchs geringer.

Bild 91
Südwand des gleichen Wohnhauses, dessen Westwand begrünt ist (Bild 81) mit leichter Algenbildung, ausgenommen im Bereich der Dübelköpfe und unter dem Flachdachabschluss.

9.3.3 Wasseraufnahme und Rauigkeit der Oberfläche

Ein saugfähiger Außenputz, der bei Beregnung Wasser aufsaugt und dadurch längere Zeit zur anschließenden Trocknung benötigt, ist naturgemäß anfälliger für Algenbildung als ein wasserabweisender Putz oder Anstrich, der entsprechend rasch wieder trocken ist. Ein Beispiel dafür liefert Bild 92. Von zwei gleichzeitig gebauten, nebeneinander stehenden Wohnhäusern mit mineralischen WDV-Systemen erhielt nur eines einen zusätzlichen Egalisationsanstrich. Auf der Wetterseite des anderen ohne Anstrich war bereits nach zwei Jahren Algenbewuchs zu erkennen. Der ungestrichene Putz – obwohl wasserabweisend nach DIN 18550-1 – hat offensichtlich die Feuchtigkeit von Regen und Tau zu lange gespeichert. Generell sollten daher WDV-Systeme mit porenfüllenden und zusätzlich hydrophobierenden Anstrichen versehen werden.

Bild 92
Teilansichten von nebeneinanderstehenden, gleichzeitig erbauten Wohnhäusern (Westfassaden) mit WDV-Systemen mit unterschiedlicher Algenbildung nach bereits zwei Jahren:

oben:
mineralisches WDV-System ohne zusätzlichen Anstrich,

unten:
mineralisches WDV-System mit zusätzlichem Siliconharz-Anstrich.
Der zusätzliche Anstrich hat durch Porenfüllung und zusätzliche Hydrophobierung die Algenbildung verhindert.

Bild 93
Westfassade eines Gebäudes mit WDV-System und unterschiedlicher Algenbildung. Die streifig-horizontale Algenbildung ist auf Unregelmäßigkeiten im Putzauftrag zurückzuführen (Putzansätze in verschiedenen Gerüstebenen). Im Giebelbereich führte die höhere Regenbeanspruchung zu stärkerer Algenbildung, ausgenommen das mit Zusatzanstrich versehene vertikale Fensterband.

Eine ähnliche Speicherfunktion können raue und dickere Putze bewirken. Die streifig-horizontalen Algenbildungen in Bild 93 sind auf Unregelmäßigkeiten in der Putzstruktur zurückzuführen, die von Putzansätzen infolge der handwerklichen Ausführung von verschiedenen Gerüstebenen aus stammen. Durch einen aus architektonischen Gründen zusätzlich aufgebrachten, anders getönten Anstrich im Bereich des vertikalen Fensterbandes konnte die Algenbildung vermieden werden.

9.3.4 Trocknung und Oberflächenfarbe

Nicht nur die Intensität der Befeuchtung sondern auch die Möglichkeit der Trocknung ist für das Algenwachstum bestimmend. Besonnte und windumströmte Fassadenbereiche werden deshalb weniger befallen als im Sonnen- und Windschatten liegende. Auch die Beheizung des angrenzenden Raumes und die Wärmedämmung der Außenwand haben Einfluss auf das Trocknungspotential der Außenoberfläche. Letzteres ist z.B. an der stärkeren Veralgung im Kellergeschossbereich in Bild 89 zu erkennen.

Einen großen Einfluss auf das Ausmaß der Algenbildung hat die Farbe der Fassade. Dunklere Farben absorbieren mehr direkte und diffuse Sonnenstrahlung als helle und beschleunigen damit die Trocknung. Dies wird durch Bild 94 beispielhaft dokumentiert. Die Tagesverläufe der Oberflächentemperaturen einer Westwand mit WDV-System und weißer bzw. dunkler, etwa ziegelroter Farbe sind in Bild 95 für einen sonnigen und einen bedeckten Tag aufgezeichnet. Einer maximalen Temperaturdifferenz von 30 K bei direkter Besonnung stehen immerhin Maximalwerte von 4 K bei bedecktem Himmel gegenüber. Dies ist nicht unwesentlich, wenn man bedenkt, dass Temperaturunterschiede im Bereich von 1 K über das Auftreten von Tauwasser entscheiden können.

Dunkle Fassadenfarbe günstig

Bild 94
Unterschiedliche Algenbildung auf unterschiedlich gefärbten Flächen auf einer Fassade mit WDV-System (Nordseite). Der ursprünglich weiß gestrichene Teil ist deutlich stärker veralgt.

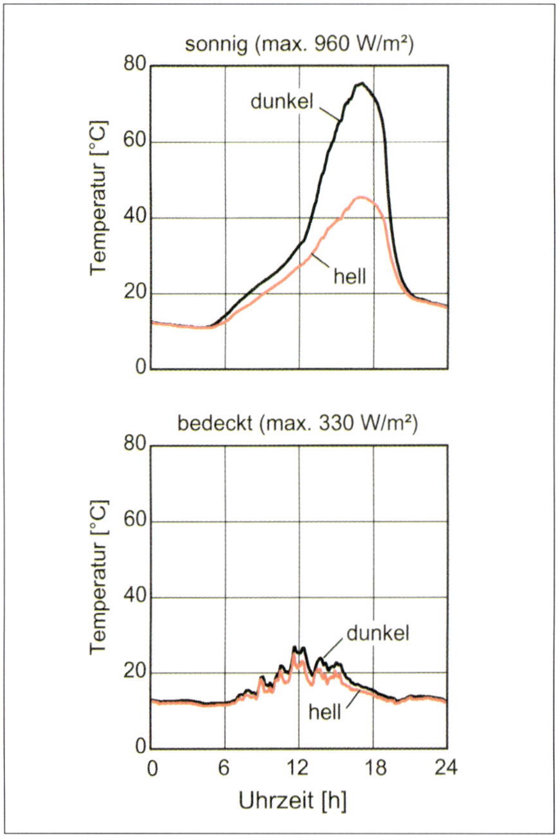

Bild 95
Tagesverläufe der Temperaturen einer weißen und einer dunklen (etwa ziegelroten) Oberfläche von WDV-Systemen an einem strahlungsreichen und einem bedeckten Sommertag (Westorientierung).

9.4 Schädigung durch Mikroorganismen

Algen und Bakterien, die sich im Untergrund nicht verankern, können nach bisherigen Kenntnissen keine Putzschädigung verursachen. Bei Bewuchs mit Hyphen-, Myzel- oder wurzelähnlichen Verankerungen im Untergrund ist langfristig im Prinzip eine gewisse Beeinflussung denkbar, nach den Erfahrungen mit Fassadenbegrünungen aber nicht wahrscheinlich. Allenfalls erscheinen Sekundärschäden möglich infolge einer längerfristigen Feuchthaltung der befallenen Flächen (Quell- und Frostschäden) oder infolge Krustenbildung, die durch Anlagerung von Staub und anderen Fremdstoffen auf einem mikrobiellen Bewuchs entstehen können. Von seltenen Ausnahmen abgesehen, ist somit die Besiedelung von Fassaden durch Mikroorganismen als »optische Beeinträchtigung« zu bewerten. Gleichwohl ist es nicht akzeptabel, wenn dies relativ kurzfristig nach Gebäudeerstellung auftritt. Deshalb sind Maßnahmen zur Vermeidung bzw. Verzögerung erforderlich.

Optische Beeinträchtigung

9.5 Abhilfe

Aus den Darlegungen in Abschnitt 9.3 wird deutlich, dass gegen einen Algenbefall alle Maßnahme geeignet sind, welche die Benetzung bzw. Wasseraufnahme reduzieren und die Trocknung fördern, wie im Folgenden ausgeführt wird.

9.5.1 Konstruktiver Regenschutz

Bei niederen Gebäuden kann ein ausreichender Dachüberstand allein eine wirksame Abhilfe sein, abhängig von der Intensität der Regenbeanspruchung und der Bauart. Auch Nachbargebäude und allgemein dichte Bebauung mindern die Regenbeanspruchung.

9.5.2 Außenputz und Anstrich

Zu bevorzugen sind wenig strukturierte und wenig saugfähige Putze, an denen das Regenwasser rasch ablaufen und sich nicht in Poren und Vertiefungen speichern kann. Dabei ist zu berücksichtigen, dass ein wasserabweisender Putz nach DIN18550-1 mit einem w-Wert von maximal 0,5 $kg/m^2h^{0,5}$ vom Gesichtspunkt des Regenschutzes definiert worden ist (Abschnitt 2.5 und Bild 16). Ein w-Wert 0,5 bedeutet, dass innerhalb einer 24-stündigen Beregnung immerhin 2,45 Liter Wasser pro Quadratmeter aufgesaugt werden können. ($W = w\sqrt{t} = 0{,}5\sqrt{24} = 2{,}45$). Dies ist unter Berücksichtigung der möglichen Trocknungszeiten erfahrungsgemäß für den Regenschutz ausreichend, nicht aber in besonderen Fällen für den Schutz gegen Algenbefall, wie die Gegenüberstellung in Bild 92 belegt. Zu diesen »besonderen Fällen« zählen WDV-Systeme und andere Leichtbau- oder hochgedämmte Wandarten, bei denen eine zusätzlich verminderte Wasseraufnahme anzustreben ist. Am Besten wird dies durch einen Anstrich bewirkt, der porenfüllend und hydrophobierend, aber nicht abdichtend wirkt.

Anstrich soll hydrophobieren aber nicht abdichten

Dichte Anstriche mit relativ großen Diffusionswiderständen können nämlich in Verbindung mit Rissen oder Fehlstellen die Ursache von Feuchteschäden infolge partiell erhöhter Wasseraufnahme sein oder zu einem Feuchtestau im Putz führen (Bild 66). Deshalb werden in letzter Zeit allgemein »diffusionsoffene« Fassadenbeschichtungen bevorzugt, eine Eigenschaft, die in der DIN 4108-3, Ausgabe 2001, mit einem s_d-Wert $\leq 0{,}5$ m definiert ist. Solche Anstriche sollten in Zukunft generell zusätzlich auf wasserabweisende Putze aufgebracht werden.

Bild 96
Berechnete, maximale Temperaturdifferenzen im Außenputz im Verlauf eines typischen Sommer- und eines typischen Wintertages und unterschiedliche Strahlungsabsorption a in Abhängigkeit von der Wärmeleitfähigkeit des Putzgrundes. Die Kurvenverläufe basieren auf Rechenwerten für Polystyrolhartschaum (PS), Holzwolle-Leichtbauplatten (HWL), Porenbeton und Hochlochziegel (HLZ) als Putzgrund. Temperaturmessungen an ausgeführten Wänden bei sommerlichen Bedingungen bestätigen den grundsätzlichen Zusammenhang. Die Absorptionszahl a = 0,3 gilt für weiße Oberflächenfarbe, a = 0,8 für eine dunkle Farbe.

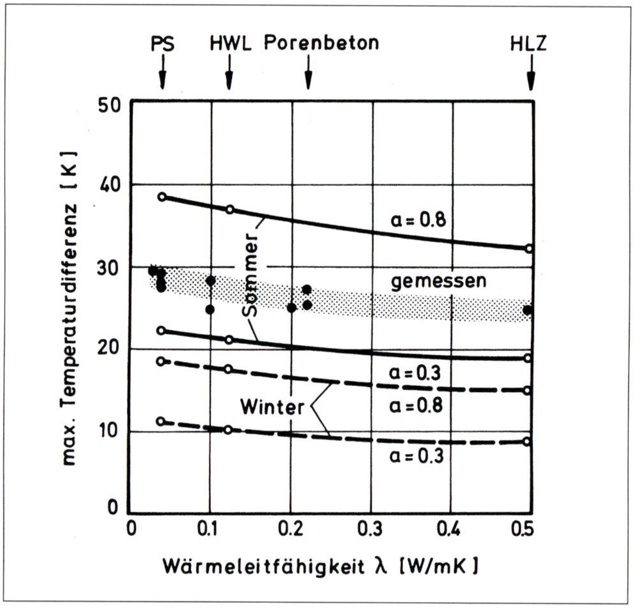

9.5.3 Fassadenfarbe

Die Erhöhung der Trocknungsmöglichkeit durch dunklere Fassadenfarben ist eine weitere Möglichkeit zur Eindämmung des Algenbefalls. Die größere hygrische Beanspruchung bei weißen oder sehr hellen Fassaden infolge Tauwasserbenetzung und Trocknung ist aus heutiger Sicht kritischer zu bewerten als die größere thermische Beanspruchung bei dunkleren Farben. Die täglichen Temperaturschwankungen sind zwar deutlich vom Strahlungsabsorptionsgrad der Farbe abhängig (siehe auch Bild 95), aber nur in geringerem Maße von den thermischen Eigenschaften des Putzgrundes, wie aus Bild 96 hervorgeht. Daher ist bei WDV-Systemen keine stärkere Zurückhaltung in der Farbgebung angebracht als bei anderen Mauerwerksarten.

9.5.4 Biozide Zusätze

Biozide Zusätze zum Putz oder Anstrich, gewissermaßen als Ersatz für den früheren, bioziden SO_2-Zusatz in der Luft, haben nur eine zeitlich begrenzte Auswirkung. Da sie wasserlöslich sein müssen, um für die Mikroorganismen wirksam zu werden, können sie im Laufe der Zeit durch Regen ausgewaschen werden. Zum anderen dürfen diese Zusätze infolge der Auswaschung die Umwelt nicht unzulässig belasten. Über die Möglichkeit der Beeinflussung des Algenwachstums ohne nachhaltige Schädigung der Umwelt werden derzeit an verschiedenen Instituten Untersuchungen durchgeführt; Ergebnisse liegen noch nicht vor.

9.6 Zusammenfassung und Folgerungen

Der Befall von Fassaden durch Mikroorganismen ist keine neue Erscheinung, aber in dem heute auftretenden Maß eine Situation, mit der man sich auseinandersetzen muss. Dem Planer und Ausführenden kommen damit neben den bisherigen vielfältigen Gesichtspunkten für die Fassadengestaltung noch weitere Aufgaben hinzu. Das Bewusstsein, dass uns diese Situation durch eine reinere Luft als in früheren Jahrzehnten beschert wird, ist kein Ersatz für die optischen Beeinträchtigungen, welche ein Algenbewuchs in kurzer Zeit an Fassaden bewirken kann. Selbst wenn Algen an Fassaden nie ganz zu vermeiden sein werden, dann soll die »biologische Verschmutzung« wenigstens so verzögert werden, dass Renovierungen erst in längeren Zeitabständen erforderlich sind, wie es früher infolge »normaler Verschmutzung« der Fall war.

Als Abhilfe kommen am Besten verschiedene der angegebenen Maßnahmen in Kombination zur Anwendung, ergänzt durch geeignete und zugelassene biozide Zusätze. Die Anfälligkeit der verschiedenen Wandbauarten für Algenbewuchs ist unterschiedlich. So ist z. B. das in Norddeutschland übliche Ziegel-Sichtmauerwerk wegen der Farbe und der größeren Speichermasse eher dagegen gefeit als wärmedämmendes Mauerwerk mit hellem Anstrich oder insbesondere WDV-Systeme.

9.7 Überlegungen

Bei der guten Eignung von WDV-Systemen zur Erzielung einer hohen Außenwanddämmung wäre es bedauerlich, wenn deren Anwendung wegen des Algenproblems zurückgehen würde. Vielmehr sollten gerade hier die verschiedenen Möglichkeiten der Abhilfe berücksichtigt werden. Die Abzeichnung der Befestigungsdübel, wie in Bild 90 und Bild 91 dargestellt, sollte Anlass dazu sein, die Notwendigkeit der Dübel generell und deren Zahl im Einzelfall kritisch zu überprüfen, in Verbindung mit den Überlegungen in Abschnitt 7.5.

Zum Abschluss sei ein Zitat aus einem Buch aus dem Jahr 1885 angeführt mit dem Titel »Bauernbrauch und Volksglaube in Oberbayern« von Karl von Leoprechting. Dort heißt es:

> *Im Frühjahr und Herbst werden Stuben, Kammern und manchmal auch der Stall und das Äußere des Hauses frisch mit Kalk geweißt, welches kaum von den Ärmsten unterlassen wird.*

So gesehen ist unser heutiges Algenproblem eine Folge des Fortschritts und Wohlstands: Wäre unsere Luft nicht so rein und wäre die Dauerhaftigkeit der modernen Anstriche nicht so viel besser als die der alten Kalkanstriche, dann müssten wir unsere Fassaden öfter renovieren, womit sich das Problem von selbst lösen würde.

Nachwort

Meine Ausführungen stimmen in manchen Punkten nicht mit der »Schulmeinung«, den überkommenen Handwerksregeln und den geltenden Normanforderungen überein.

Im Hinblick auf das geforderte Festigkeitsgefälle bei Putzsystemen müssen die in Normen und Richtlinien aufgeführten Regeln korrigiert und den wissenschaftlich erwiesenen Verhältnissen angepasst werden. Was für Wärmedämmputze nach DIN 18550-3 gilt, kann für Leichtputzsysteme nach DIN 18550-4 nicht falsch sein.

Bei der Härtebewertung von Putzen kann man es im Prinzip bei der eingeführten Druckfestigkeit belassen, sofern man diese Werte lediglich zum Festigkeitsvergleich verschiedener Putze verwendet und keine weitergehenden Folgerungen daraus ableitet. In anderen technischen Bereichen gibt es solche »Unstimmigkeiten« auch. So hat man z.B. die Flussrichtung des elektrischen Stromes vom Pluspol zum Minuspol definiert und musste später feststellen, dass es in Wirklichkeit umgekehrt ist. Im »täglichen Gebrauch« kann man mit einer solchen Definition leben, für differenzierte Betrachtungen muss man jedoch die physikalische Wirklichkeit berücksichtigen. Sinnvoller wäre allerdings im vorliegenden Fall ein Übergang von der Druckfestigkeit zur Bohrhärte, da dies in Fällen der Überwachung und Schadensbeurteilung Vorteile hätte. Bei Weiterentwicklungen muss natürlich der »Stand des Wissens« zugrundegelegt werden. Das Gleiche gilt für den Sachverständigen, der einen Schaden zu beurteilen hat.

Der breite Raum, den ich dem Algenproblem gewidmet habe, entspricht meiner Überzeugung, dass hier noch »Entwicklungsbedarf« besteht und zwar im technischen wie im mentalen Bereich. Dass eine positive Entwicklung auf der einen Seite – nämlich reine Luft – unerwünschte Konsequenzen auf der anderen Seite zur Folge hat – nämlich Algenbildung – ist eine logische Folge der Tatsache, dass alle Organismen übereinstimmende Grundanforderungen haben. Zwischen dem hochentwickelten Organismus Mensch und den Mikroorganismen besteht in diesem Punkt kein grundsätzlicher Unterschied.

Demgegenüber ist die gegenläufige Entwicklung im Zusammenhang mit Leichtmauerwerk und Außenputz, d.h. die Optimierung der Wärmedämmung zum Nachteil der Stabilität, ein hausgemachtes Problem, dessen Lösung ungleich leichter wäre.

Literatur

[1] Böhm, H.: Untersuchungen über den Einfluß des Wasserentzugs auf die Mörteleigenschaften. Unveröffentlichter IBP-Bericht, FB-23/1988.

[2] Schmidt, St.: Erarbeitung von quantitativen Kriterien zur Rißsicherheit von Außenputzen auf Mauerwerk. Forschungsbericht FKM Köln Nr. 1/91.

[3] Möller, U.: Untersuchungen zur Mörtelprüfung. Festigkeit – E-Modul – Schwinden. Unveröffentlichter IBP-Bericht, FB-36/1991.

[4] Rieckmann, H.-P.: Beitrag zum Problem der Druckkraftübertragung von Stahlpfählen in Betonüberbauten. Die Bautechnik 8/1971, S. 262–270.

[5] Künzel, H.: Risse in bewittertem Holz – Einfluß auf die Feuchteverhältnisse, Abhilfe. Bauen mit Holz 95 (1993), H. 12, S. 1018–1025.

[6] Künzel, H.: Anforderungen an Außenanstriche und Beschichtungen aus Kunstharzdispersionen. Kunststoffe im Bau. (1968/69), H. 12, S. 26–32.

[7] Künzel, H.: Der Regenschutz von Außenwänden. Mauerwerk-Kalender 1986, S. 735–751.

[8] Künzel, H.: Einfluß des Putzgrundes und der Herstellungsbedingungen auf die Saugfähigkeit von Außenputzen. Berichte aus der Bauforschung. 1972, H. 79, S. 18–26.

[9] Künzel, H.M.: Verfahren zur ein- und zweidimensionalen Berechnung des gekoppelten Wärme- und Feuchtetransports in Bauteilen mit einfachen Kennwerten. Dissertation Universität Stuttgart (1994).

[10] Zirkelbach, D.: Austrocknungsverhalten hochdämmender Mauersteine. Diplomarbeit TU München (2001).

[11] Künzel, H.; Kehrer, M.; Riedl, G.: Einfluß der Gewebeeinlage auf die Funktion von Armierungsputzen. Unveröffentlichter IBP-Bericht HTB-6/1999.

[12] Künzel, H.: Schäden an Fassadenputzen. Fachbuchreihe Schadenfreies Bauen. Band 9, 2., erweiterte Auflage (2000). Fraunhofer IRB Verlag, Stuttgart.

[13] Künzel, H.: Zweischaliges Mauerwerk mit verputzter Vorsatzschale. Rißanfällige Konstruktion 2.2/99. Deutsches Architektenblatt (1999), H. 2, S. 255–256.

[14] Künzel, H.: Zweischaliges Mauerwerk mit Kerndämmung. Das Mauerwerk (2002), H. 2, S. 42–48.

[15] Künzel, H.: Fassadenputz auf Leichtziegelmauerwerk. Mauerwerksbedingte Risse 2.1/99. Deutsches Architektenblatt (1999), H. 2, S. 255–256.
[16] Künzel, H.: Bauphysik – Geschichte(n) Nr. 4 – Prüfen um des Prüfens willen. Arconis 4 (1999), H. 3, S. 32–35.
[17] Künzel, H.: Zur Frage der Überbrückung von Bewegungsfugen durch Wärmedämmverbundsysteme. Bauphysik 20 (1998), H. 5, S. 140–144.
[18] Schubert, P.: Eigenschaftswerte von Mauerwerk, Mauersteinen und Mauermörtel. Mauerwerk-Kalender 1997.
[19] Künzel, H.: Eine Methode zur Prüfung der Härte von Außenputzen auf Wandoberflächen. Das Stuckgewerbe (1963), H. 12, S. 434–435.
[20] Leonhardt, H.; Lukas, R.; Kießl, K.: Handgerät zur vereinfachten Vor-Ort-Bestimmug bauphysikalischer Kennwerte von Gesteinsoberflächen. Jahresberichte Forschungsprogramm Steinzerfall – Steinkonservierung. Band 1 (1989), S. 243–253.
[21] Künzel, H.; Riedl, G.: Kalkputz in der Denkmalpflege. Bautenschutz und Bausanierung 19 (1996), H. 2, S. 12–18.
[22] Ohnemüller: Die Bestimmung der Putzhärte mit Hilfe der Bohrfestigkeit. Zement, Kalk, Gips 57 (1968), S. 172–174.
[23] Merkblatt: Außenputz auf Ziegelmauerwerk. Ausgabe 05/02
[24] Künzel, H.: Sanierputze sind mehr als eine begleitende Maßnahme. Bautenschutzmittel, FAS-Schriftenreihe (1997), H. 8, S. 167–177, Hrsg. H. Venzmer, Verlag für Bauwesen Berlin.
[25] Künzel, H.: Aufsteigende Feuchte – Wirkliche oder vermeintliche Schadensursache? Arconis 3 (1998), H. 2, S. 22–25.
[26] Meier, H.G.: Sanierputze, Baupraxis und Dokumentation (1999).
[27] Künzel, H.: Bauphysik – Geschichte(n) Nr. 10 . Woher kommt der Mauersalpeter? Arconis 6 (2001), H. 1, S. 40–42.
[28] Künzel, H.: Trocknungsblockade durch Mauerversalzung. IBP-Mitteilung Nr. 193, 17 (1990).
[29] Künzel, H.; Fitz, C.: Einfluß von Salzen auf den Feuchtehaushalt von Außenwänden. FAS Schriftenreihe, (1999), H. 10, S. 197–210.
[30] Künzel, H.: Warum sich Wärmedämm-Verbundsysteme durchgesetzt haben – Vergleiche mit anderen Wandkonstruktionen. Bauphysik 20 (1998), H. 1, S. 2–8.
[31] Sedlbauer, K., Krus, M.: Schimmelpilzbildung auf WDVS. IBP-Mitteilung 391, 28 (2001).
[32] Künzel, H.M.: Austrocknung von Wandkonstruktionen mit Wärmedämmverbundsystemen. Bauphysik 20 (1998), H. 1, S. 18–23.
[33] Bagda, E.: Orkanerprobt. Deutsches Malerblatt 1990, H. 4, S. 6.

[34] Richtlinie für die Planung, Ausführung und Pflege von Fassadenbegrünungen mit Kletterpflanzen. Forschungsgesellschaft Landschaftsentwicklung Landschaftsbau e.V., Ausgabe 2000.
[35] Kießl, K., Rath, J.: Auswirkungen von Fassadenbegrünungen auf den Wärme- und Feuchtehaushalt von Außenwänden. Arconis 1/1996, H. 3, S. 14–17.
[36] Die Biologie der Mikroorganismen wurde durch Dr. Hans Hofer, Völs/Österreich dargestellt.

Sachregister

Frank Frössel

Lexikon der Putz- und Stucktechnik

1999, 351 S., zahlreiche, überwiegend farbige Abb., fester Einband
ISBN 3-8167-4700-0

In diesem Lexikon findet der Fachmann Informationen zur gesamten Thematik der Putz- und Stucktechnik. Über 1.000 Stichworte geben Einblicke in moderne und traditionelle Verarbeitungs- und Handwerkstechniken, vermitteln Materialkenntnisse und behandeln sowohl bauphysikalische und bauchemische Aspekte als auch Gestaltungs- und Sanierungsfragen.

Helmut Künzel

Schäden an Fassadenputzen

Schadenfreies Bauen, Band 9

Hrsg. Günter Zimmermann
2.erw. Auflage, 2000, 142 S., 97 Abb., 3 Tab., fester Einband
ISBN 3-8167-4167-3

Moderne Wandkonstruktionen stellen hohe Anforderungen an den Fassadenputz. Der Autor stellt den heutigen Stand der Kenntnisse über Fassadenputze und Möglichkeiten zu deren Sanierung dar. Die zweite Auflage enthält neue Ergebnisse zur quantitativen Bewertung von Außenputzsystemen, zum Thema »aufsteigende Feuchte« und bietet Kriterien zur Anwendung von Sanierputzen.

Anton Brasholz

Anstrichschäden im Bild

Wechselwirkungen zwischen Untergrund und Beschichtung

2.durchges. Aufl. 2002, 166 S., 347 überw. farbige Abb., fester Einband
ISBN 3-8167-6127-5

In Form eines Bildbandes werden Anstrich- und Beschichtungsschäden aus allen Bereichen des Malerhandwerks gezeigt und jeweils mit kurzen Hinweistexten erläutert. Er soll das Erkennen von Schäden und Schadensursachen erleichtern und gleichzeitig zu ihrer Vermeidung beitragen.